Artificial Metalloenzymes
Design and Applications

人工金属酶
分子设计与应用

林英武　编著

化学工业出版社

·北京·

内容简介

本书介绍了人工金属酶的发展历程及其常用的分子设计方法，系统总结了近十年人工金属酶设计领域取得的研究进展，分别介绍了含3d过渡金属元素（铁、钴、镍、铜、锌、锰）以及含4d/5d过渡金属元素（钼、钌、铑、锇和铱）等人工金属酶的分子设计及其在生物催化等领域中的应用。本书基于国内外人工金属酶研究典型案例，探讨了不同人工金属酶的分子设计方法、结构与催化功能关系以及分子设计的新趋势和应用前景等。

本书可作为高等院校化学生物学、生物工程以及生物技术等专业高年级本科生、硕士和博士研究生以及教师的参考用书，同时也可以供相关科研院所的科研工作者参考。

图书在版编目（CIP）数据

人工金属酶分子设计与应用 / 林英武编著． -- 北京：化学工业出版社，2025．1． -- ISBN 978-7-122-46766-9

Ⅰ．Q814

中国国家版本馆CIP数据核字第2024NK4212号

责任编辑：王　琰　仇志刚
文字编辑：范伟鑫
责任校对：宋　夏
装帧设计：林英武　韩　飞

出版发行：化学工业出版社
　　　　　（北京市东城区青年湖南街13号　邮政编码100011）
印　　装：涿州市般润文化传播有限公司
787mm×1092mm　1/16　印张13　字数183千字
2025年1月北京第1版第1次印刷

购书咨询：010-64518888　　　　售后服务：010-64518899
网　　址：http://www.cip.com.cn
凡购买本书，如有缺损质量问题，本社销售中心负责调换。

定　　价：128.00元　　　　　　版权所有　违者必究

前言

金属酶（metalloenzymes）是一类重要的生物酶，在生物体系中发挥着不可替代的作用。它们也是生物无机化学和化学生物学等交叉领域中的重要研究对象。然而，天然金属酶本身存在一些缺陷，限制了其应用。因此，研究人员对设计和构建人工金属酶（artificial metalloenzymes，ArMs）非常感兴趣。通过研究人工金属酶，我们可以揭示天然金属酶的结构与功能关系，并且可以创造出优于天然酶的生物酶。

人工金属酶分子设计的发展经历了半个多世纪，目前已经建立了多种分子设计方法，包括理性设计、定向进化和半理性设计等。这些方法在有机合成、生物催化、生物医药以及环境治理等研究领域有着广泛的应用。

基于国内外典型研究案例，本书分析总结了近十年人工金属酶设计领域取得的研究进展。全书共分为9章，第1章介绍了人工金属酶的发展历程及其分子设计方法；第2章至第7章分别介绍了含3d过渡金属元素（铁、钴、镍、铜、锌、锰）的天然酶活性中心结构特征以及人工金属酶的研究案例与应用；第8章介绍了含4d/5d过渡金属元素（钼、钌、铑、锇和铱）等人工金属酶的分子设计及其在有机合成和生物催化等领域中的应用；第9章分析总结了人工金属分子设计的新趋势并展望了其应用前景。

如果本书能为从事相关领域研究的硕士、博士研究生以及科研工作者提供一些研究思路，编者将感到非常高兴。同时，也期望能够与更多同仁共同努力，推动新型人工金属酶的分子设计与应用以及相关研究领域的快速发展。

感谢国家自然科学基金项目、湖南省杰出青年基金项目等对编者课题组相关研究的大力支持，感谢南华大学人才项目对本书出版的大力支持，也感谢浙江工业大学程峰教授和化学工业出版社编辑对本书出版给予的细心指导。

尽管编者已经从事人工金属酶分子设计研究二十多年，但由于该领域涉及知识面广且编者水平有限，书中可能存在不当之处，敬请广大读者批评指正。

2024 年 11 月于南华大学

目 录

第1章 人工金属酶及其分子设计简介 // 001

1.1 生物酶与金属酶简介 // 003
1.2 人工金属酶及其发展历程 // 004
1.3 人工金属酶分子设计方法 // 008
1.4 基于肌红蛋白和神经红蛋白的分子设计与应用 // 011
    1.4.1 理性设计与研究案例 // 012
    1.4.2 定向进化与研究案例 // 024
    1.4.3 半理性设计与研究案例 // 028
1.5 小结 // 034
参考文献 // 034

第2章 含铁(Fe)人工金属酶设计与应用 // 043

2.1 含铁天然酶简介 // 045
2.2 含血红素及其类似物人工金属酶 // 047
    2.2.1 血红素衍生物与天然蛋白组装及其在生物催化中的应用 // 047
    2.2.2 血红素类似物与天然蛋白组装及其在有机合成中的应用 // 052
    2.2.3 血红素与非天然蛋白组装及其在环境催化和有机合成中的应用 // 055
2.3 其他含Fe-配合物的人工金属酶 // 058
2.4 含铁离子的人工金属酶 // 060
    2.4.1 单铁离子活性中心及其在生物催化中的应用 // 060
    2.4.2 双铁离子活性中心及其在生物催化中的应用 // 061

2.5 含硫铁簇的人工金属酶 // 063
    2.5.1 作为电子传递中心及其在生物催化中的应用 // 063
    2.5.2 作为生物催化中心及其在生物能源中的应用 // 064
2.6 小结 // 067
参考文献 // 068

第3章 含钴（Co）人工金属酶设计及应用 // 073

3.1 含钴天然酶简介 // 075
3.2 人工甲基转移酶 // 077
3.3 人工Co-氢化酶 // 078
3.4 含Co的人工CO_2还原酶 // 082
3.5 人工Co-氧化酶 // 085
    3.5.1 非共价键方法 // 085
    3.5.2 共价键方法 // 087
3.6 小结 // 088
参考文献 // 089

第4章 含镍（Ni）人工金属酶设计及应用 // 093

4.1 含镍天然酶简介 // 095
4.2 人工Ni-超氧化物歧化酶 // 097
    4.2.1 Ni-SOD模型化合物 // 097
    4.2.2 Ni-SOD人工金属酶 // 099
4.3 人工Ni-氢化酶 // 101
    4.3.1 [NiFe]-氢化酶启发的分子设计 // 101
    4.3.2 基于金属蛋白的分子设计 // 103
4.4 含Ni的人工CO_2还原酶 // 104
4.5 人工槲皮素氧化酶 // 106
4.6 人工甲基-辅酶M还原酶 // 107
4.7 其他镍-人工金属酶分子设计与应用 // 109

4.8 小结 // 112

参考文献 // 112

第5章 含铜（Cu）人工金属酶设计及应用 // 115

5.1 含铜天然酶简介 // 117

5.2 人工 Cu- 氧化酶 // 119

    5.2.1 基于天然蛋白的分子设计及其在生物催化中的应用 // 119

    5.2.2 基于多肽分子组装及其在生物催化中的应用 // 121

5.3 人工 Cu-NIR 酶 // 122

5.4 含 Cu 的人工 Diels-Alder 加成酶 // 125

    5.4.1 单金属中心及其在有机合成中的应用 // 125

    5.4.2 双金属中心及其在有机合成中的应用 // 127

5.5 人工 Friedel-Crafts 反应酶 // 128

5.6 人工 Michael 加成酶 // 130

5.7 小结 // 132

参考文献 // 133

第6章 含锌（Zn）人工金属酶设计及应用 // 137

6.1 含锌天然酶简介 // 139

6.2 人工水解酶 // 140

    6.2.1 基于三股 α 螺旋 // 140

    6.2.2 基于四股 α 螺旋 // 142

    6.2.3 基于天然锌指蛋白 // 144

    6.2.4 基于其他天然含锌酶 // 144

    6.2.5 基于蛋白质 / 多肽组装界面 // 145

6.3 人工核酸酶 // 147

6.4 含 Zn 的人工 Diels-Alder 加成酶 // 148

6.5 小结 // 150

参考文献 // 150

第7章　含锰（Mn）人工金属酶设计及应用　// 153

7.1　含锰天然酶简介　// 155

7.2　人工 Mn- 过氧化物酶　// 156

7.3　人工 Mn- 氧化酶　// 159

7.4　人工 Mn- 氢化酶　// 162

7.5　小结　// 164

参考文献　// 165

第8章　含 4d/5d 过渡金属元素的人工金属酶设计与应用　// 169

8.1　含金属钼（Mo）的人工金属酶　// 171

8.2　含金属钌（Ru）的人工金属酶　// 173

  8.2.1　在有机合成中的应用　// 174

  8.2.2　在生物传感中的应用　// 176

  8.2.3　在生物医学中的应用　// 176

8.3　含金属铑（Rh）的人工金属酶　// 180

  8.3.1　非共价组装及其在有机合成中的应用　// 180

  8.3.2　共价结合及其在有机合成中的应用　// 182

8.4　含金属锇（Os）的人工金属酶　// 183

8.5　含金属铱（Ir）的人工金属酶　// 186

8.6　小结　// 189

参考文献　// 190

第9章　人工金属酶分子设计总结与展望　// 193

9.1　人工金属酶分子设计总结　// 195

9.2　人工金属酶分子设计展望　// 197

参考文献　// 198

第 1 章

人工金属酶及其分子设计简介

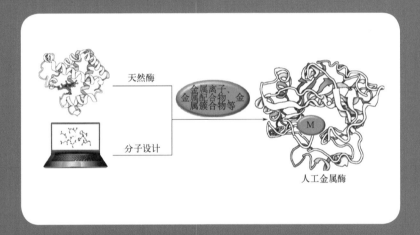

本章目录

- 1.1 生物酶与金属酶简介
- 1.2 人工金属酶及其发展历程
- 1.3 人工金属酶分子设计方法
- 1.4 基于肌红蛋白和神经红蛋白的分子设计与应用
- 1.5 小结

参考文献

1.1 生物酶与金属酶简介

生物酶（enzymes）最早发现于18世纪末，它们具有高催化活性和选择性、温和的反应条件以及最小化的废料产出等优点[1]。国际生物化学与分子生物学联盟（International Union of Biochemistry and Molecular Biology，IUBMB）将天然生物酶分为六大类型，分别为氧化还原酶（oxidoreductases，EC1）、转移酶（transferases，EC2）、水解酶（hydrolases，EC3）、裂解酶（lyases，EC4）、异构酶（isomerases，EC5）和连接酶（ligases，EC6）；2018年又增加了第七类酶，称为转位酶（translocases，EC7）。截至2024年10月，已发现的酶的总数为6800种，分布如图1.1所示。

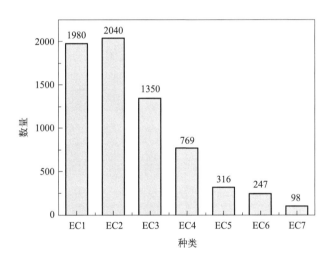

图1.1 生物酶的数量与种类分布图

金属酶（metalloenzymes）属于生物酶中的一大类，含有金属离子作为辅因子（cofactor）或辅基（prosthetic group）。金属酶和金属蛋白（metalloproteins）主要结合镁离子（Mg^{2+}）、铁离子（$Fe^{2+/3+}$）、锌离子（Zn^{2+}）和锰离子（Mn^{2+}）等金属离子，共计约14种（图1.2[2]）。除此之外，能被金属酶和金属蛋白利用的金属配合物（如血红素）和金属簇合物（如铁硫簇）等非常有限[3]。而且，可利用的天然氨基酸只有22种，其中只有一半左右能参与金属离子的配位[4]，这些因素在一定程度上限制了天然生物酶的功能范围。此外，天然生物酶存在一些固有的局限性，例如只能在较温和的反应条件（常温、常压、接近中性pH值等）下催化，反应底物也相对较窄，难以满足一些工业反应的需求。另外，金属催化剂也存在一些缺点，例如通常需要使用有机溶剂、反应不够环保等。因此，设计和构建性能更为优越的金属生物催化剂（金属酶）具有重要的意义和应用前景。

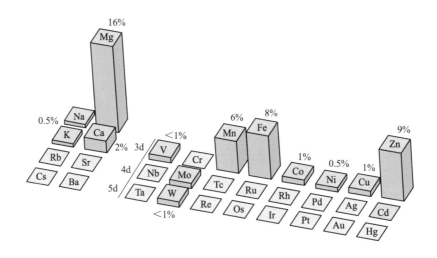

图1.2　金属离子在已知结构的金属蛋白和金属酶中所占比例[2]

1.2　人工金属酶及其发展历程

古人受到飞翔的大雁的启发，设计了结构类似的木鸢，而现代工程师则设计了性能优越的大型飞机。同样，受天然酶的启发，科学家通过人工设计，成功构建了性能优越的人工酶（artificial enzymes）（图1.3）。其中，人工金属酶（artificial metalloenzymes，ArMs）是利用蛋白质或核酸等生物大分子与金属催化剂组装，形成具有类似生物酶功能的杂合生物大分子[5]。

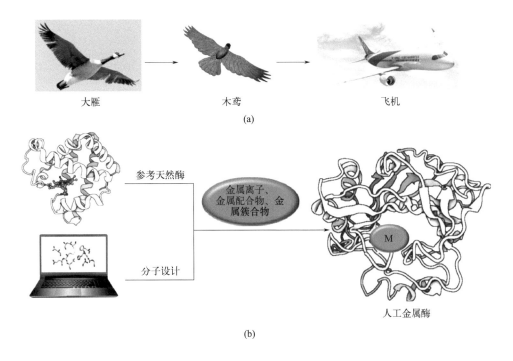

图 1.3　受大自然生物启发的设计与制造（a）以及受天然酶启发设计与构建人工金属酶（b）

人工金属酶研究经历了半个多世纪的发展历程（图1.4）。1956年，Fujii 等[6]报道使用蚕丝纤维吸附二氯化钯（$PdCl_2$），可以催化脱氢氨基酸及其衍生物不对称还原。这种用蛋白修饰的金属催化剂是最早报道的"人工金属酶"。1970年，Breslow 等[7]报道了 α-环糊精（α-cyclodextrin，α-CD）衍生物结合 Ni^{2+}，具有水解酶催化活性，因此结合 Ni^{2+} 的 α-CD 衍生物可以作为水解酶的模型化合物。1976年，Kaiser 等[8]报道，将具有水解催化活性的羧肽酶 A（carboxypeptidase A，CPA）的活性中心 Zn^{2+} 用 Cu^{2+} 替换后，具有氧化酶催化活性，能够利用 O_2 催化抗坏血酸氧化。1978年，Wilson 等[9]首次利用生物素-亲和素（biotin-avidin）体系，构建了一种含铑（Rh）的人工金属酶，用于不对称氢化反应。1987年，Sligar 等[10]通过定点突变技术，构建了细胞色素 b_5（cytochrome b_5，Cyt b_5）H39M 突变体，实现了电子传递功能向生物催化功能的转化。

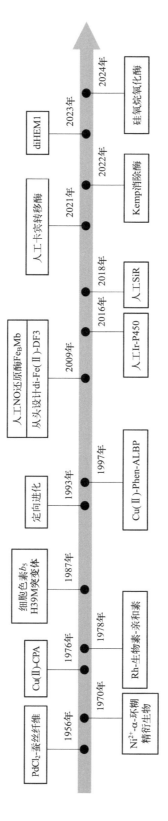

图 1.4 人工金属酶分子设计与应用发展历程中的重要研究案例

1993年，Frances Arnold等[11]发明了定向进化技术（directed evolution），推动了人工金属酶的发展，并由此荣获2018年诺贝尔化学奖。1997年，Distefano等[12]利用Cu-邻菲啰啉（o-phenanthroline，Phen）配合物对脂质体结合蛋白（adipocyte lipid binding protein，ALBP）进行共价修饰，实现对外消旋脂的选择性催化水解。2009年，Lu等[13]基于肌红蛋白（myoglobin，Mb）设计了第一例人工一氧化氮还原酶（nitric oxidase reductase，NOR），称为Fe_BMb；同年，Degrado等[14]通过从头设计（de novo design）构建了能够结合双铁离子的四股α螺旋（di-Fe(Ⅱ)-DF3），具有氧化酶催化功能。2016年Hartwig等[15]基于细胞色素P450（Cyt P450），用金属Ir替代血红素Fe，成功构建了具有类似天然酶动力学参数的人工金属酶。2018年，Lu等[16]基于细胞色素c氧化酶（Cyt c oxidase，CcO）设计了第一例人工亚硫酸盐还原酶（sulfite reductase，SiR）。

近五年，人工金属酶得到了快速发展。2021年，Arnold等[17]基于Cyt P450设计了一种双功能卡宾转移酶，能够选择性催化C—N键的形成。2022年，Korendovych等[18]利用核磁共振辅助定向进化技术，成功设计出具有超高催化效率的Kemp消除酶。2023年，David Baker等[19]利用计算机辅助设计了能够结合血红素的α螺旋状蛋白（diHEM1），能够催化卡宾转移反应等；2024年，Arnold等[20]基于Cyt P450又设计了能够催化Si—C键断裂的硅氧烷氧化酶（siloxane oxidase），有望应用于挥发性甲基硅氧烷的生物降解领域。

经过半个多世纪的发展，研究者利用天然蛋白质或人工合成蛋白质分子，设计了含有不同金属离子和催化功能的人工金属酶。这些人工金属酶在有机合成、生物催化、生物医药和环境治理等领域得到越来越多的应用[5, 21-25]。在研究过程中，研究者提出了多种人工金属酶的分子设计方法。本章主要介绍常见的人工金属酶设计思路与方法，并以基于Mb的人工金属酶的分子设计和神经红蛋白（neuroglobin，Ngb）的分子改造与应用作为研究案例进行分析[26]。其他基于不同蛋白质骨架的人工金属酶分子设计将在不同的章节进行介绍。了解这些研究进展不仅有助于我们深入了解天然金属酶的结构与功能关系，还可以帮助我们掌握人工金属酶分子设计的思路与方法，从而创造性能更加优越的人工金属酶。

1.3 人工金属酶分子设计方法

目前已经发展了多种分子设计方法，用于设计和构建具有不同功能的人工金属酶。其中最直接的方法是利用已有的天然蛋白质作为蛋白质骨架（protein scaffold），进行金属结合位点的设计（图1.5）。例如，Cu（Ⅱ）可以直接结合到 6-磷酸葡萄糖酸内酯酶，使其表现出过氧化物酶催化活性[27]；钒酸根离子（VO_4^{3-}）结合到植酸水解酶分子中，在 H_2O_2 作为氧化剂时，该酶可以立体选择性氧化苯甲硫醚（产率 100%；对映体过量值 66%）[28]。

图1.5　基于天然蛋白质设计金属结合位点

另一种方法是对天然金属蛋白/金属酶使用其他金属离子/金属配合物进行替换（图1.6），从而构建具有不同的催化功能的人工金属酶或优化天然酶的催化功能。例如，将天然碳酸酐酶（carbonic anhydrase）中的 Zn（Ⅱ）替换为 Mn（Ⅱ），可以获得人工过氧化物酶[29]，而将铑 Rh（Ⅰ）配合物替换进去，则可以实现立体选择性催化氢化反应等[30]。Boxer 等[31]研究发现，将乙醇脱氢酶（alcohol dehydrogenase）中的 Zn（Ⅱ）替换为 Co（Ⅱ），可以增强活性中心的静电场、降低反应的吉布斯自由能，从而提高酶催化活性。

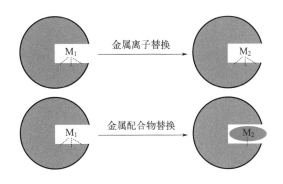

图1.6 基于天然金属蛋白/金属酶进行金属离子或金属配合物替换设计人工金属酶

配体交换方法也是一种常用的人工金属酶构建方法,特别适合于结合有天然辅基的金属蛋白(图1.7)。例如,血红素蛋白结合有血红素辅基(heme),通过有机溶剂(丙酮)萃取方法,可以去除血红素,然后使用含有其他金属离子(如 Mn^{2+}、Zn^{2+}、Co^{2+} 等)的卟啉或其他体积类似的配合物(如席夫碱等)进行重组,从而获得具有不同催化功能的人工金属酶[32]。另外,血红素结合区域的微环境对于调控蛋白的催化功能至关重要。因此,调控金属配合物周围的微环境也是构建人工金属酶的关键[24]。

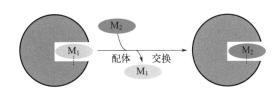

图1.7 基于天然金属蛋白/金属酶进行配体交换设计人工金属酶

除了蛋白肽链与金属配位作用外,还可以利用氢键、π-π 堆积和疏水性作用等将金属配合物与蛋白质骨架进行非共价结合,这也是常用的人工金属酶分子设计方法(图1.8)。例如,Ward 等[5]利用生物素和链霉亲和素(biotin-steptavidin)之间的高亲和性,通过化学修饰将生物素连接不同的重金属[如钌(Ru)和铱(Ir)等]配合物,然后与链霉亲和素蛋白质骨架进行非共价结合组装，从而构建具有不同功能的人工金属酶。这些人工金属酶可以催化烯烃复分解反应（olefin metathesis）、去丙烯化反应（deallylation）和转移氢化反应等。

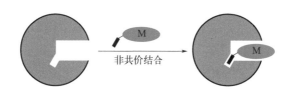

图1.8 使用金属配合物与天然蛋白进行非共价结合设计人工金属酶

此外，通过利用亲电基团（electrophile，E）与亲核基团（nucleophile，Nu）之间的反应生成共价键，可以使金属配合物以共价键的方式结合于蛋白质骨架，从而构建更为稳定的人工金属酶（图1.9）。通常可以选择蛋白中的半胱氨酸 Cys 进行金属配合物的共价连接。另外，可以选择不同的氨基酸位点引入 Cys，以用于结合并调控人工金属辅基的构象，从而调控人工金属酶的催化性能。例如，Lu 等[33]将锰席夫碱配合物 Mn（Salen）通过双共价键的方式，结合于脱辅基（apo）肌红蛋白中不同的位点，以调控其不对称催化功能。

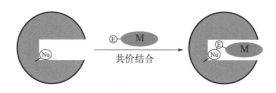

图1.9 使用带有亲电基团金属配合物与带有亲核基团的天然蛋白进行共价结合设计人工金属酶

对于人工金属酶设计所需的蛋白质骨架，可以直接选择合适的天然蛋白质，也可以通过计算机辅助从头设计氨基酸序列，这些序列形成 α 螺

旋或 β 折叠结构，然后组装成人工蛋白质骨架。同时，需要设计合适的金属离子/配合物结合位点，以构建具有不同功能的人工金属酶[34]。例如，Pecoraro 等[35] 设计了一个由 71 个氨基酸序列组成的多肽，它可以折叠形成三股 α 螺旋结构（称为 α_3D）。然后，他们设计了金属（Cu^{2+}）结合位点，分别引入了 His18、Cys22 和 His28，从而构建了一个含有 1-Cys-2-His 配位的结合 Cu^{2+} 的人工金属蛋白（称为 α_3D-CH2，图 1.10），类似于天然含铜金属蛋白/金属酶。

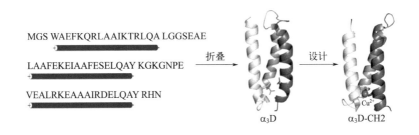

图 1.10　从头设计的氨基酸序列、将其折叠形成三股 α 螺旋结构（α_3D）以及设计含有 1-Cys-2-His 配位的结合 Cu^{2+} 的人工金属蛋白（α_3D-CH2）[35]

1.4　基于肌红蛋白和神经红蛋白的分子设计与应用

血红素蛋白（heme proteins）是金属蛋白和金属酶中的一类，具有多种不同的生物功能。肌红蛋白 Mb（图 1.11，PDB 编码 1JP6[36]）是血红素蛋白分子的典型代表之一，具有分子量小（约 17000）、稳定性高、易通过蛋白质工程获得高纯度蛋白的优点，因此成为血红素类人工金属酶分子设计的理想蛋白模型[26]。神经红蛋白 Ngb（图 1.12，PDB 编码 4MPM[37]）和肌红蛋白都属于珠蛋白家族（globins），具有相类似的蛋白结构，也非常适合通过蛋白质分子改造构建人工金属酶[38]。本节主要介绍基于 Mb 和 Ngb 的人工金属酶分子设计方法，包括理性设计（rational design）（如优化血红素中心、设计金属结合位点、引入非天然氨基酸和非天然辅基等)、定向进化以及半理性设计方法（semi-rational design)（如构建分子内二硫键等)，以及它们在生物催化、环境催化和有机合成等领域中的应用。

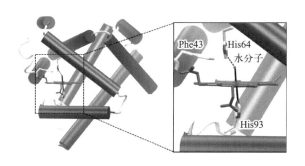

图 1.11　肌红蛋白 Mb 的晶体结构（PDB 编码 1JP6）

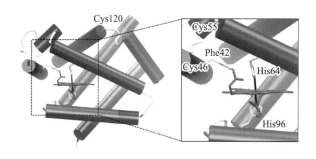

图 1.12　神经红蛋白 Ngb 的晶体结构（PDB 编码 4MPM）

1.4.1　理性设计与研究案例

1.4.1.1　优化血红素中心及其在生物和环境催化中的应用

肌红蛋白 Mb 在生物体内执行贮存和运输 O_2 的功能。在氧化态时，其血红素铁中心具有六配位结构（His93/H_2O)（图 1.11)（血红素铁的不同氧化态、配位状态与自旋态见知识框 1.1)。通过合理优化与设计其血红素中心的微环境，包括远端组氨酸 His64 形成的氢键（H-bond）以及周围的疏水性环境等，可以将其由氧载体转变为具有不同催化功能的人工金属酶。

知识框 1.1：

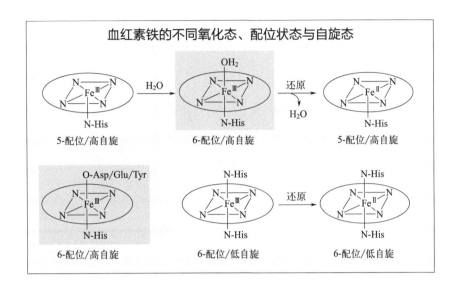

例如，我们对 Mb 的血红素空腔进行了理性定点突变实验，将第 29 位亮氨酸 Leu 突变为谷氨酸 Glu。通过解析突变体 L29E Mb 的晶体结构，我们发现除了血红素轴向水分子（W1）外，Glu29 与远端的两个水分子（W2 和 W3）形成氢键，构成了独特的氢键网络 [图 1.13（a）][39]。这种突变体表现出水解酶催化功能，可以催化水解有机小分子如 4-硝基苯乙酸酯（4-nitrophenyl acetate，4-NPA）[40]，以及水解双链 DNA，生成缺口环状或线状的 DNA 分子，类似于天然 DNA 内切酶的水解功能[41]。

在另一项研究中，我们对 Mb 的血红素空腔内的苯丙氨酸 Phe43 进行了定点突变，将其替换为组氨酸 His43，并通过 H64A 突变去除血红素远端原有的 His64。蛋白质晶体结构解析显示，双突变蛋白 F43H/H64A Mb 的血红素中心形成了一个水分子通道，其中涉及至少 7 个水分子 [W1～W7，图 1.13（b）]。实验结果表明，该突变体具有亚硝酸盐还原酶（nitrite reductase，NIR）催化功能，能够将 NO_2^- 还原至 NO，其催化效率约是野生型（wild-type，WT）Mb 的 8.2 倍，表明通过血红素中心的优化，可以将 Mb 由氧载体转变为人工 NIR[42]。

进一步研究发现，在乳腺癌细胞内过表达该突变体蛋白，可以调控肿瘤细胞内活性氮物种（reactive nitrogen species，RNS），提高 NO 含量，增加氧化应激水平，进而诱导细胞凋亡，因而有可能用于肿瘤治疗[43]。

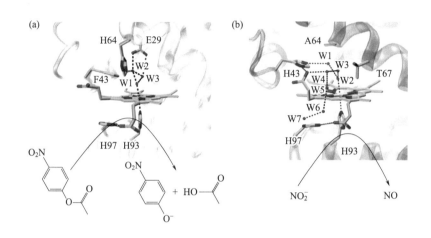

图 1.13　肌红蛋白 Mb 血红素中心的优化与分子设计

（a）L29E Mb 晶体结构（PDB 编码 4PQ6）及其催化 4-NPA 水解示意图；（b）F43H/H64A Mb 晶体结构（PDB 编码 5HLQ）及其催化 4-NPA 水解和 NO_2^- 还原示意图

除了在生物催化方面的应用之外，肌红蛋白在环境催化方面也有一定的应用前景。由于药物残留（如卤代酚）和工业废水（染料）等具有高生物学毒性，相对于化学方法处理，生物酶治理方法具有高催化效率和环保优势。为了设计高效人工金属酶以用于环境催化领域，我们对 Mb 血红素中心进行了优化，分别引入有助于氧化剂 H_2O_2 活化的酸性氨基酸天冬氨酸 Asp64，有助于调控底物结合的酪氨酸 Tyr43，以及有助于电子或自由基转移的色氨酸 Trp88 和 Trp138 等。通过这些优化，我们构建了具有高催化活性的人工脱卤过氧化物酶（dehaloperxidase，DHP）F43Y/H64D Mb[图 1.14（a）][44]和人工脱色过氧化物酶（dye-decolorizing peroxidase，DyP）F43Y/P88W/F138W Mb[图 1.14（b）][45]。测试结果显示，针对代表性底物三氯苯酚和活性蓝染料 RB19（reactive blue 19），其催化效率分别是天然脱卤过氧化物酶的 1180 倍和天然脱色过氧化物酶的 46 倍。

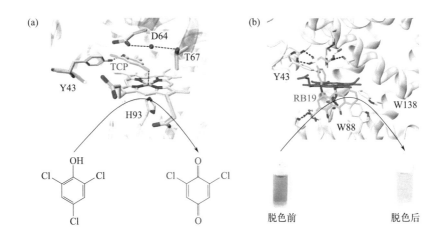

图 1.14　人工脱卤和脱色过氧化物酶分子设计

（a）人工脱卤过氧化物酶 F43Y/H64D Mb 与底物三氯苯酚复合物晶体结构（PDB 编码 5ZZG）及脱卤反应示意图；（b）人工脱色过氧化物酶 F43Y/P88W/F138W Mb 与底物 RB19 复合物的分子模拟结构及脱色反应前后溶液对比

为进一步扩展基于 Mb 的人工金属酶在环境生物催化领域中的应用，特别是针对一些新型污染物的生物降解，研究发现 F43Y Mb 和 F43Y/P88W/F138W Mb 均可催化药物残留的降解，如双氯芬酸钠（diclofenac sodium，DCF）、2-巯基苯并噻唑（2-mercaptpbenzothiazole，MBT）、扑热息痛（paracetamol，APAP）和呋塞米（furosemide，FRS）等［图 1.15（a）］[46]。其中，三突变体的催化降解率为 91%～99%［图 1.15（b）］，远高于 WT Mb 和其他一些天然酶，包括漆酶（laccase）和辣根过氧化物酶（horseradish peroxidase，HRP）等。因此，这些人工金属酶在环境催化和水污染物治理等方面具有一定的应用前景。

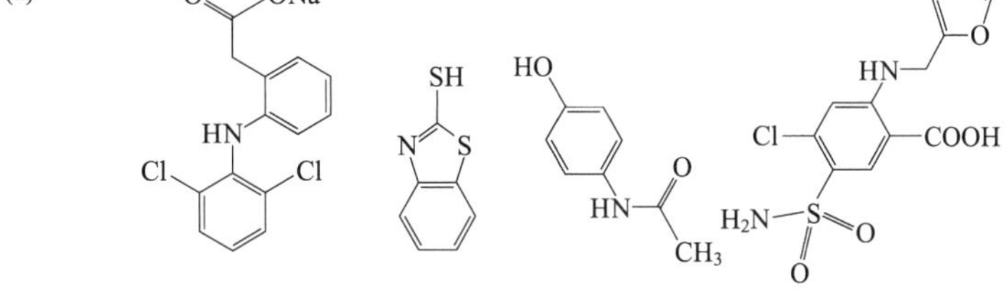

图 1.15

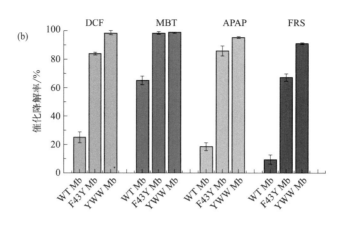

图1.15 基于Mb的人工金属酶用于催化降解新型污染的化学药物

（a）新型污染的化学药物（DCF、MBT、APAP和FRS）的化学结构；（b）人工金属酶F43Y Mb和F43Y/P88W/F138W Mb（简称YWW Mb）与WT Mb催化降解率的比较

1.4.1.2　设计金属结合位点及其在生物催化中的应用

除含有一个或数个血红素辅基外，血红素蛋白酶还可含有血红素/金属离子双金属中心[47]，如血红素-铜氧化酶（heme-copper oxidase，HCO）含有Heme-Cu双金属中心、一氧化氮还原酶（nitric oxide reductase，NOR）含有Heme-Fe双金属中心，以及锰过氧化物酶（manganese peroxidase，MnP）含有Heme-Mn双金属中心（见第7章）等。

其中，血红素-铜氧化酶HCO的生物功能是催化O_2还原为H_2O（$O_2 + 4H^+ + 4e^- \longrightarrow 2H_2O$）。为了更好地理解天然HCO中Heme-Cu双金属中心结构与功能关系，Lu等[48]通过蛋白质分子设计，基于Mb构建了一种具有类似天然HCO活性中心和催化功能的人工金属酶（图1.16）。他们选择在Mb的血红素上方引入两个远端组氨酸（His29和His43）[图1.16（a）]，并结合Mb原有的His64，形成了一个具有三个组氨酸配位的Cu^{2+}结合位点[图1.16（b），PDB编码4FWY[49]]。这种双突变体蛋白L29H/F43H Mb称为Cu_BMb。此外，他们还在Cu_BMb活性中心外围引入酪氨酸Tyr33[图1.16（d）]，进一步提高其催化效率，催化O_2还原为H_2O的转换数（turnover number，TON）可超过500[49]。

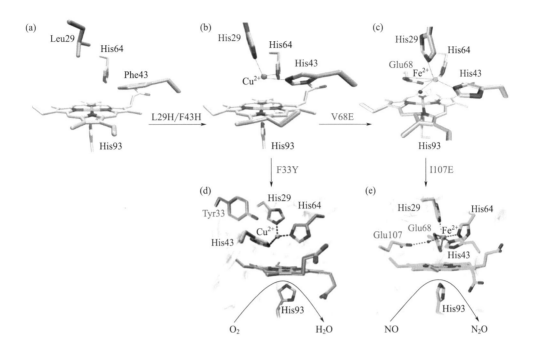

图 1.16　基于 Mb 分别设计 Cu^{2+} 结合位点和 Fe^{2+} 结合位点

（a）野生型 Mb 的血红素中心；（b）设计的 Cu^{2+} 结合位点；（c）设计的 Fe^{2+} 结合位点；（d）引入 Tyr33 优化 Cu^{2+} 活性中心及其催化功能；（e）引入 Glu107 优化 Fe^{2+} 活性中心及其催化功能

与 HCO 不同，NOR 含有 Heme-Fe 双金属中心，催化 NO 还原为 N_2O（$2NO+2H^++2e^- \longrightarrow N_2O+H_2O$）。为了更深入地了解天然 NOR 中 Heme-Fe 双金属中心结构与功能的关系，Lu 等在 Cu_BMb 基础上，引入一个天冬氨酸（Glu68）作为 Fe^{2+} 的另一个配体（L29H/F43H/V68E Mb），成功构建了 Heme-Fe 双金属中心，命名为 Fe_BMb[图 1.16（c），PDB 编码 3K9Z[13]]。为了进一步提高 Fe_BMb 的 NOR 催化活性，在其活性中心外围引入第二个天冬氨酸（Glu107），使其更接近天然 NOR 的活性中心结构。研究表明，在突变体蛋白 I107E Fe_BMb 中 [图 1.16（e），PDB 编码 3M39[50]]，Glu107 虽不作为 Fe^{2+} 的配体，但可以提供 NO 还原反应所需要的质子（H^+），从而提高催化活性（增加约 100%）[50]。通过替换金属离子发现，Zn^{2+} 结合于 Fe_BMb 后没有催化活性，而 Cu^{2+} 或 Co^{2+} 替换 Fe^{2+} 后均不能产生高催化活性。因此，具有氧化

还原功能的 Fe^{2+} 结合于 NOR 是自然选择的结果。

尽管人工金属酶的设计通常使用过渡金属元素,但金属 Mg^{2+} 在已知结构的金属蛋白和金属酶中占比最高(16%,图 1.2),广泛存在于天然水解酶、裂解酶和连接酶等。受天然核酸酶活性中心的启发,我们基于 Mb 的血红素中心[图1.17(a)],在其远端引入天冬氨酸 Glu29,后者可与远端 His64 形成氢键网络[图 1.17(b)]。蛋白质晶体的结构解析揭示,Mg^{2+} 可结合于 Glu29 和 His64 位点,形成独特的镁离子-水-血红素(Mg^{2+}-H_2O-Heme)双金属中心[图 1.17(c),PDB 编码 7CEN[51]]。功能研究结果显示,人工金属酶 Mg^{2+}-L29E Mb 在室温下通过水解机制,不但快速切割 DNA(10min),而且可以降解超螺旋以及线状 DNA 分子(50min)等,在 DNA 切割过程中不涉及活性氧(如超氧阴离子 $O_2^{\cdot-}$、单线态氧 $^1O_2$ 或羟基自由基·OH)等物质产生。对照实验显示,其他金属离子(如 Zn^{2+}、Cu^{2+}、Ni^{2+}、Co^{2+}、Mn^{2+}、Ca^{2+} 等)的加入并不能实现 DNA 切割功能,证明了 Mg^{2+} 的重要性。因此,该人工金属酶在基因工程和生物医药等领域具有一定的应用前景。

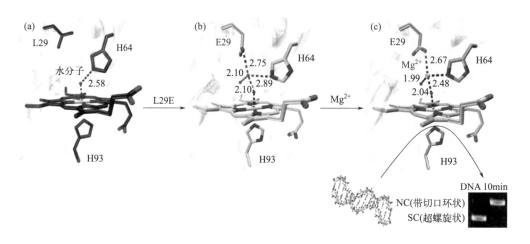

图 1.17 基于 Mb 设计 Mg^{2+} 结合位点及其催化功能

(a)野生型 Mb 血红素中心结构;(b)L29E 突变后血红素中心形成的氢键网络;(c)Mg^{2+}-L29E Mb 的晶体结构及其 DNA 切割和降解功能

1.4.1.3 引入非天然氨基酸及其在生物催化中的应用

为了克服天然氨基酸的局限性并扩展人工金属酶的功能，可以设计和合成具有不同性质或配位功能的非天然氨基酸。常用的引入非天然氨基酸方法有固相合成法（solid-state peptide synthesis）、表达蛋白连接法（expressed protein ligation，EPL）和基因密码扩展法（expending the genetic code）等[52]。每种方法都有各自的优缺点，可以根据实际情况进行选择。

针对基于 Mb 的人工金属酶的分子设计，王江云等利用遗传密码扩展法做了一些开创性的研究工作[22]。例如，为了研究天然 HCO 活性中心存在特殊的 Tyr-His 交联在催化功能中的作用，他们在 Cu_BMb 分子中的第 33 位 [图 1.18（a）]，引入了一种带咪唑基团的酪氨酸 [imiTyr, 图 1.18（b）]。研究结果表明，该人工金属酶催化 O_2 到 H_2O 的还原选择性和 TON 分别是 F33Y Cu_BMb 的 8 倍和 3 倍，从而说明 Tyr-His 交联有助于提高 HCO 的催化效率[53]。

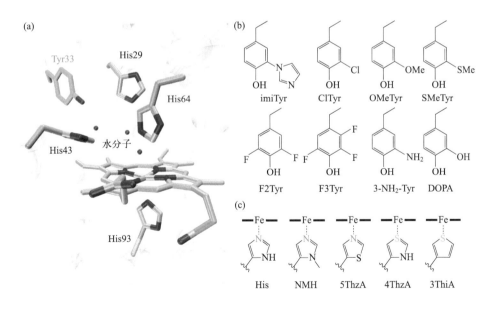

图 1.18　基于 Mb 通过引入非天然氨基酸设计人工金属酶

（a）F33Y Cu_BMb 晶体结构（PDB 编码 4FWX）；（b）一些合成的 Tyr 衍生物及多巴的化学结构；（c）一些用于替换 Mb 血红素轴向 His93 的组氨酸类似物的化学结构

由于 Tyr 具有氧化还原性，为了进一步研究 Cu_B 中心 Tyr 的作用，王江云等[54-55]合成了一些 Tyr 衍生物，如被—F、—Cl、—OCH_3 等取代 [图 1.18（b）]，将其引入 Cu_BMb 中第 33 位。研究发现，这些取代后的人工金属酶的催化活性与这些 Tyr 衍生物的 pK_a 值以及氧化还原电位之间具有一定的相关性，进一步说明 Tyr33 在催化功能中起到关键作用。

在另一项研究中，为了揭示有些天然 NIR 酶活性中心存在的 Tyr-Cys 交联的功能，王江云等[56]将具有 3-甲基硫醚取代的 Tyr（SMeTyr）引入到 Cu_BMb 第 33 位。研究表明，SMeTyr33 Cu_BMb 能够催化羟胺（NH_2OH）还原为氨离子（NH_4^+），其催化活性是 F33Y Cu_BMb 的 4 倍。因此，Tyr-Cys 交联在 NIR 的催化功能中也发挥着重要的作用。

Pierce 等[57-58]将 Mb 中血红素远端 His64 用非天然氨基酸 3-NH_2-Tyr 或多巴（DOPA）进行替换 [图 1.18（b）]。测试结果表明，在使用 H_2O_2 作氧化剂的条件下，3-NH_2-Tyr64 Mb 和 DOPA64 Mb 催化苯甲硫醚和苯甲醛氧化的活性分别是 WT Mb 的 9 倍、10 倍和 81 倍、54 倍，说明在 Mb 血红素远端第 64 位引入 3-NH_2-Tyr 或 DOPA 均有助于 H_2O_2 的活化和活性中间体的形成，从而有利于提高其过氧化物酶催化活性。

血红素中心铁的氧化还原电位的高低对其催化功能具有重要的影响。Hilvert 等[59]将 Mb 中血红素近端 His93 用一系列非天然氨基酸替换，包括 N_δ-甲基组氨酸（NMH）、5-噻唑基丙氨酸（5-thiazolylalanine，5ThzA）、4-噻唑基丙氨酸（4ThzA）和 3-噻吩丙氨酸 [3-(3-thienyl)alanine，3ThiA][图 1.18（c）]。研究发现，这些非天然氨基酸配体可以调节血红素的氧化还原电位，并调控蛋白的卡宾转移酶催化活性。例如，与 Mb 氧化还原电位（30mV±3mV）相比，NMH-Mb（77mV±6mV）和 5ThzA-Mb（118mV±10mV）的氧化还原电位升高，有利于卡宾环丙烷化和 N—H 插入反应；而 4ThzA-Mb（-91mV±7mV）和 3ThiA-Mb（-83mV±8mV）的氧化还原电位降低，则有利于卡宾 S—H 插入反应。Hayashi 等[60]也得出类似的结论，他们使用—CF_3 基团取代血红素中 2- 和 4- 位乙烯基 [称为 FePro(CF_3)$_2$]，可以提高氧化还原电位至 147mV。将其与 Mb 重组，可以促进卡宾中间体的形成，提高催化脂肪烯和内烯等惰性烯烃发生环丙烷化的催化效率。此外，王杰等[61]研究还发现，在组氨酸的 N_δ 位引入乙烯基（称为 N_δ-VinylH），可以降低 pK_a 值（7.03 → 5.76）。将非天然氨基酸 N_δ-VinylH 替换 His93，可以提高蛋白在有氧条件下催化苯乙烯发生环丙烷化反应的效率。

为了调控 Mb 的结构与功能并用于构建人工金属酶，我们开发了通过共价修饰调控血红素活性位点的方法［图1.19（a）～（d）］。考虑到与血红素中心铁的距离，我们选择在 Mb 的第46位氨基酸引入外源化学小分子［图1.19（a）］。通过将第46位具有较大侧链的苯丙氨酸（Phe）突变成半胱氨酸（Cys），以获得具有足够空腔且可以通过共价修饰外源小分子［图1.19（b）］，进而通过形成共价键（S—S 键或 C—S 键）的方法［图1.19（e）］，用于共价连接非天然氨基酸。通过该方法，我们在 Mb 血红素中心引入了三氮唑（triazole）或苯酚（phenol）基团，分别选用化学小分子 3-巯基-1, 2, 4-三氮唑（1H-1, 2, 4-triazole-3-thiol）和 4-马来酰亚胺基苯酚［1-（4-hydroxyphenyl）-1H-pyrrole-2, 5-dione］对 Cys46 进行共价修饰，获得了两种化学修饰蛋白 F46C-三氮唑 Mb 和 F46C-苯酚 Mb，并成功解析了它们的晶体结构［图1.19（c）和图1.19（d）］[62]。

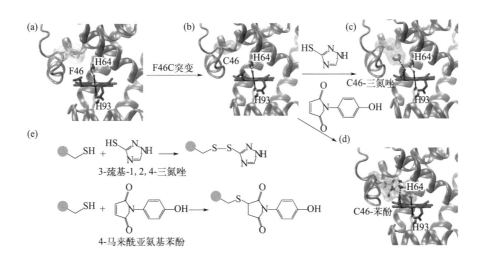

图1.19 基于 Mb 通过共价修饰方法设计人工金属酶

（a）野生型 Mb 的晶体结构（PDB 编码 1JP6）；（b）F46C Mb 的晶体结构（PDB 编码 7XC9）；（c）F46C-三氮唑 Mb 的晶体结构（PDB 编码 8J4L）；（d）F46C-苯酚 Mb 的晶体结构（PDB 编码 8J4K）；（e）半胱氨酸分别与 3-巯基-1, 2, 4-三氮唑和 4-马来酰亚胺基苯酚反应的示意图催化功能表征显示，上面所构建的两种人工金属酶催化底物 2,2′-联氮双（3-乙基苯并噻唑啉-6-磺酸）二铵盐 [2,2′-azinobis-（3-ethylbenzthiazoline-6-sulphonate），ABTS] 时的效率分别较 WT Mb 提高了约 46 和 174 倍。研究表明，通过共价修饰在 Mb 中引入外源化学小分子，可以有效调节血红素的配位状态，以及调控过氧化物酶的催化功能等。因此，该人工金属酶设计方法可广泛用于其他血红素蛋白酶的分子设计与应用。

1.4.1.4　引入非天然辅基及其在有机合成中的应用

基于血红素蛋白的人工金属酶的分子设计，通过对血红素辅基进行替换来引入非天然辅基，是比较常用的方法。Hayashi 等[63]建立了酸化丙酮萃取法，进而使用与铁卟啉大环结构类似的金属配合物 [如 Mn/Fe-卟啉（Mn/Fe-porphycene）和 Co/Ni-四脱氢咕啉（Co/Ni-tetradehydrocorrin）] 与脱辅基 Apo-Mb 进行重组，从而构建具有不同催化功能的人工金属酶（具体内容见相关人工金属酶章节）。

Lu 等[64]建立了非天然辅基与 Mb 肽链形成共价键链接的方式（图 1.20），通过在金属配合物 Mn-Salen 分子的两端引入容易离去的甲基磺酸基团，分别与在 Mb 骨架中不同位置中引入的两个半胱氨酸（如 L72C-Y103C、S108C-Y103C、T39C-L72C 以及 T39C-S108C）发生反应。所构建的新型人工金属酶具有不对称催化功能，能选择性地催化硫代苯甲醚的硫氧化反应。其中，双共价连接于 T39C-L72C 的人工金属酶表现出最高的催化活性（转换速率 TON 达到 $2.31min^{-1}$）和最高立体选择性（对映体过量值达到 83%）。

叶绿素分子具有与血红素类似的大环结构 [图 1.21（a）]。Fasan 等[65]尝试了使用叶绿素的铁衍生物（Fe-chlorin e6，FeCe6）作为非天然辅基，与 Apo-Mb 突变体 H64V/V86A Mb 等进行重组 [图 1.21（b）]。研究发现，重组后人工金属酶能催化芳乙烯类化合物发生环丙化反应，并表现出高催化效率（TON 大于 $2000min^{-1}$），立体选择性高达 99%。Bruns 等[66]研究发现，

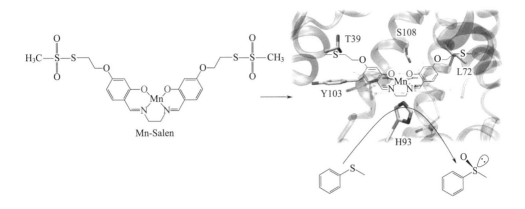

图 1.20 一种金属配合物 Mn-Salen 化学结构及其与不同位点引入半胱氨酸共价连接后催化硫代苯甲醚氧化示意图

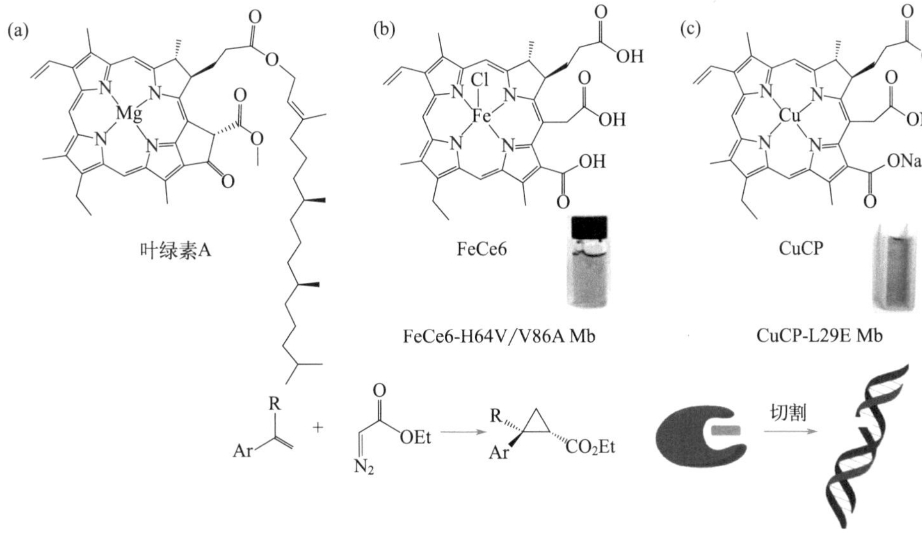

图 1.21 基于 Mb 利用叶绿素衍生物重组构建人工金属酶

(a) 叶绿素 A 的化学结构式；(b) Fe-Chlorin e6 (FeCe6) 的化学结构及其重组至 Apo-H64V/V68A Mb 后催化环丙化反应示意图；(c) 叶绿素铜钠 (CuCP) 的化学结构及其重组至 Apo-L29E Mb 切割 DNA 示意图

FeCe6-Mb 具有过氧化物酶催化活性，能催化邻甲氧基苯酚氧化和 2,4,6-三氯苯酚脱卤等，其催化活性高于其他金属离子衍生物 (如 CuCe6 和 MnCe6)

的重组蛋白。我们选择叶绿素铜钠（Cu-chlorophyllin，CuCP）作为非天然辅基，与 Apo-L29E Mb 突变体进行重组［图 1.21（c）］[67]。研究发现，重组蛋白 CuCP-L29E Mb 具有不依赖于 O_2 的 DNA 水解性能，而且 Mg^{2+} 的结合能促进其 DNA 切割性能，与 Mg^{2+}-L29E Mb 的性能类似。

1.4.2 定向进化与研究案例

2018 年诺贝尔化学奖获得者之一 F. H. Arnold 开发了酶的定向进化技术。1993 年，她首先提出酶的定向进化概念，开发了随机突变（random mutagenesis）技术用于天然酶的改造[11]。近数十年，酶的定向进化得到不断发展，在人工金属酶的设计领域发挥了重要的作用。通过位点饱和突变、易错聚合酶链反应（易错 PCR）以及 DNA 混编等技术，可以构建多样性的突变体文库，通过表达、筛选和循环后，可以获得高性能的突变体。一方面，定向进化可以提高已知天然酶（如过氧化物酶等）的催化活性；另一方面，定向进化也可拓展天然酶的催化功能，催化一些新生（new-to-nature）的反应（如卡宾转移反应等）[68]。

1.4.2.1 提升天然酶的催化功能及其在生物催化中的应用

除具有 O_2 的贮存和运输功能，Mb 还能与 H_2O_2 反应，具有较低的过氧化物酶催化活性。1998 年，Smith 等[69]使用定向进化方法对 Mb 进行定向进化改造，以提高其过氧化物酶催化活性。经过 4 轮筛选，发现血红素周围的氨基酸残基如 Thr39、Lys45、Phe46 和 Ile107 会影响其催化活性［图 1.22（a）］，从而构建了具有高催化活性的突变体蛋白 T39I/K45D/F46L/I107F Mb，与 H_2O_2 反应速率提升约 25 倍［图 1.22（b）］。

在 1.2 节中已提及，Korendovych 等[18]利用核磁共振辅助，进行 Mb 的定向进化研究，旨在构建具有超高催化效率的 Kemp 消除酶［图 1.22（c），苯并噁唑及其衍生物在碱催化作用下生成邻羟基苯甲腈（俗称水杨腈）的反应称为 Kemp 消除反应，因 MIT 教授 Daniel Kemp 发现而命名］。由于 WT

Mb 没有 Kemp 消除酶活性，他们从文献报道的 H64V Mb 突变体入手，使用 NMR 监测底物类似物 6-硝基苯并三唑与蛋白的相互作用，发现 L29I、F43L 和 V68A 等点突变可以提高其催化活性，但最高只能增加 70 倍左右。随后发现，可以在 H64G 基础上，结合 V68A 和 L29I 点突变，构建出具有高催化效率的突变体蛋白 L29I/H64G/V68A Mb［图 1.22（d）］，称为还原态 Kemp 消除催化剂（ferrous Kemp elimination catalyst，FerrElCat），其催化效率为 $1.57 \times 10^7 \text{L} \cdot (\text{mol} \cdot \text{s})^{-1}$（pH=8.0），比文献报道的其他人工酶（如经过 17 轮进化后获得的 HG3.17）高两个数量级，与自然界中催化效率最高的天然酶类似[70]。

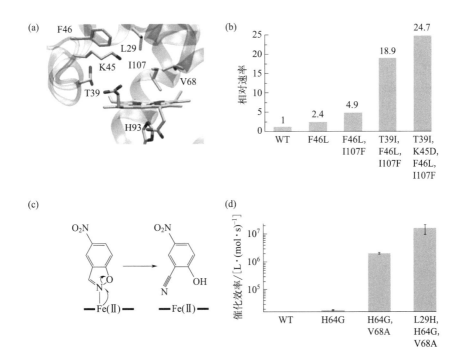

图 1.22 基于 Mb 通过定向进化设计人工金属酶提升天然酶的催化功能

（a）马心肌红蛋白（Mb）的晶体结构（PDB 编码 1WLA[71]），显示血红素空腔周围影响催化活性的关键氨基酸残基；（b）基于马心 Mb 定向进化获得的突变体蛋白活化 H_2O_2 的相对速率；（c）还原态 Mb 催化 Kemp 消除反应示意图；（d）基于 Mb 定向进化获得的突变体蛋白催化 Kemp 消除反应的催化效率

1.4.2.2 拓展天然酶的催化功能及其有机合成中的应用

定向进化的一个突出优点是可以设计出天然酶所不具备的催化功能，如催化卡宾转移反应等。2015年Fasan等[72]基于Mb设计了一系列卡宾转移酶。分别用Val取代了血红素远端His64，用Ala取代了血红素空腔中Val68。研究发现，双突变体H64V/V68A Mb能催化重氮乙酸乙酯（ethyl diazoacetate，EDA）与苯乙烯等芳基取代烯烃的环丙烷化反应［图1.23（a）］，具有很高1S，2S立体选择性（对映体过量值>99.9%），远高于Mb单突变体H64V Mb（约10%）和V68A Mb（约68%）。为了进一步优化蛋白的催化功能，他们选择血红素空腔中数个残基（如Leu29、Phe43和Val68）作为定向进化目标，构建了H64V Mb的突变体库[73]。研究发现，除H64V/V68A Mb之外，H64V/V68S Mb和H64V/V68C Mb等突变体也能催化苯乙烯与EDA的环丙烷化反应，并具有很好的1S，2S立体选择性（对映体过量值>99.9%）。而且，H64V/V68F Mb具有较好的1R，2R立体选择性（对映体过量值70%），而四突变体L29T/F43W/H64V/V68F Mb具有最好的1R，2R立体选择性［对映体过量值95%，图1.23（b）］。

除烯烃外，基于H64V Mb突变体还能催化卡宾发生N—H[74]和S—H[75]插入反应［图1.23（c）］。例如，H64V/V68A Mb和L29A/H64V Mb可以催化EDA与苯胺和苯硫酚反应，其转化数（TON）分别为6150和2550。2024年，Ward等[76]使用硅烷（$PhSiH_3$）作为还原剂，通过定向进化，将Mb的血红素活性中心进行改造，能够用于催化酮的不对称还原［图1.23（d）］。这些研究结果说明，基于Mb血红素空腔进行定向进化，可以构建人工金属酶以催化多种化学反应。

2016年，Hartwig等[77]发展了一种能够用其他金属离子，包括一些非生物体系的金属离子（如Rh^{3+}、Ir^{3+}、Ru^{3+}和Ag^+）等直接替换Mb中血红素铁的方法。同时，结合定向进化技术，对Mb的活性中心疏水环境进行优化，如将近端His93突变为Gly，从而为Ir（Me）-卟啉轴向甲基提供空间。同时，将一些血红素空腔内的氨基酸（如 Phe43、His64 和 Val68）以及周围的氨基酸（如 His97 和 Ile99）进行适当的氨基酸替换，最终构建的人工金属酶可以选择性不对称催化 C—H 插入反应。Fasan 等[78]的研究也表明：血红素中心铁用 Ir、Rh 或 Ru 取代后可以调控卡宾转移反应的活性，如 Ir（Me）-卟啉 Mb 突变体蛋白能催化环化 C=C、N—H、S—H 和 C—H 插入等反应，而且其催化活性受血红素中心微环境的调控（详见第 8 章）。

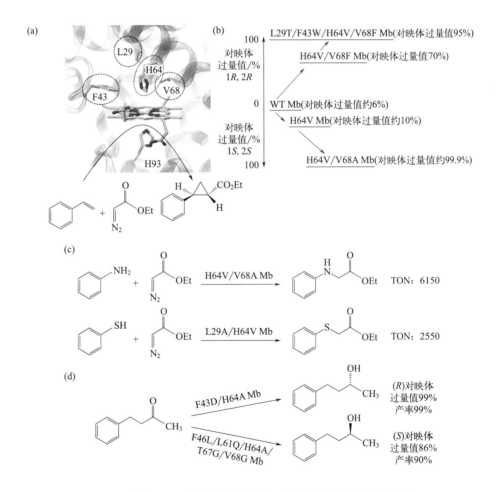

图 1.23　基于 Mb 通过定向进化设计人工金属酶拓展天然酶的催化功能

（a）抹香鲸 Mb 的晶体结构（PDB 代码 1JP6[36]），显示血红素中心和定向进化的目标残基；（b）基于 Mb 设计突变体库及其催化环丙烷化的不同对映体选择性示意图；（c）Mb 突变体催化卡宾转移 N—H 和 S—H 插入反应式及其 TON；（d）Mb 突变体催化酮的不对称还原。

1.4.3 半理性设计与研究案例

半理性设计是一种结合了理性设计和定向进化的方法。它通常利用生物信息学方法，基于同源蛋白序列比对、蛋白质晶体或溶液结构以及计算机模拟等信息，有针对性地选择多个特定的氨基酸残基作为改造的目标。通过结合定向进化，半理性设计可以理性选择密码子，构建简洁的突变库，从而有选择性地改造蛋白质并优化提高酶的活性。由于半理性设计综合了理性设计和定向进化的优点，因此成了广泛使用的人工金属酶设计方法。

1.4.3.1 Mb 分子内二硫键设计及其应用

蛋白分子内二硫键对于维持蛋白结构和功能至关重要。血红蛋白（hemoglobin，Hb）和 Mb 都属于珠蛋白家族，其他珠蛋白家族成员包括神经红蛋白（Ngb）和胞红蛋白（cytoglobin，Cygb）等[79]。尽管珠蛋白具有相似的蛋白整体结构，但不都存在分子内二硫键，如 Ngb（Cys46-Cys55）和 Cygb（Cys38-Cys83）存在分子内二硫键，而 Hb 和 Mb 不存在分子内二硫键。而且，研究表明分子内二硫键可以调控 Ngb 和 Cygb 的功能，如小分子（O_2 和 NO 等）的结合以及氧化还原催化功能等[80-81]。

为了研究和利用分子内二硫键对血红素活性中心的调控作用来构建人工金属酶，我们将 Mb 和 Ngb 的氨基酸序列进行比对，从而选择在 Mb 第 46 和 55 位分别引入两个半胱氨酸［图 1.24（a）］，用于构建类似 Ngb 蛋白中存在的分子内二硫键[82]。研究表明，突变体蛋白 F46C/M55C Mb 可以在蛋白表达过程中自动形成分子内二硫键。分子模拟结果显示，分子内二硫键的形成只对 C-D 结构区域和血红素活性区域产生微扰［图 1.24（b）］。然而，催化功能测试显示，该突变体催化 H_2O_2 氧化底物愈创木酚（guaiacol）的效率约是 WT Mb 的 70 倍。

与 Ngb 分子内二硫键所处的位置不同，在 Cygb 分子内，其二硫键由位于 α 螺旋 A-B 之间的 Cys38 和位于 α 螺旋 E 中间的 Cys83 形成。同样，我们通过氨基酸序列比对，选择在 Mb 分子中 21 和 66 位分别引入两个半胱氨酸，用于构建类似 Cgb 分子中的二硫键[83]。突变体蛋白 V21C/V66C Mb 能在蛋白表达过程中自动形成分子内二硫键，表现出比 WT Mb 更高的化学稳定性（如盐酸胍变性中点浓度提高约 0.36mol·L^{-1}）和更高的亚硝酸盐还原酶 NIR 催化活性（约 2.2 倍）。通过进一步结构优化，我们在血红素区域构建了氢键网络，解析了三突变体蛋白 V21C/V66C/F46S Mb 的晶体结[图 1.25（a）]。动力学测试显示，该突变体蛋白表现出很好的脱卤过氧化物酶 DHP 催化活性，其催化效率约是 WT Mb 的 82 倍，约是天然 DHP（来源于 *Amphitrite ornata*）的 6.3 倍。

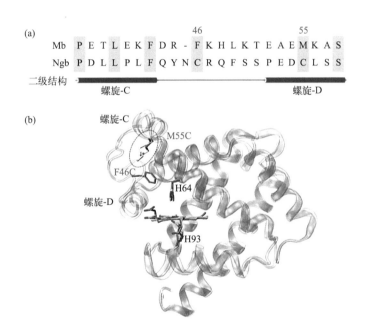

图 1.24　基于 Mb 设计类似 Ngb 蛋白的分子内二硫键及其对催化功能的影响

（a）Mb 和 Ngb 部分氨基酸序列比对；（b）计算机模拟的突变体蛋白 F46C/M55C Mb 的结构与 WT Mb 对比，其中二硫键 Cys46-Cys55 如虚线区域所示[82]

此外，受 Ngb 和 Cygb 分子内二硫键位置的进一步启发，我们在 Mb 分子中设计了另外两种不同位置的分子内二硫键 Cys46-Cys61[84] 和 Cys46-

Cys49[85]，并分别解析了其晶体结构。结果显示，当Cys46与Cys61形成二硫键时，His64存在两种构象（各占约50%）。其中之一是His64和His93与血红素形成双组氨酸配位结构[图1.25（b）]，与Ngb血红素中心结构类似。而且，F46C/L61C Mb具有与Ngb相近的自氧化催化效率（前者为11.9h^{-1}，后者为13.8h^{-1}）。当Cys46与邻近的Cys49形成二硫键时，突变体F46C/L49C Mb具有吩噁嗪酮合酶（phenoxazinone synthase，PHS）催化功能，能催化对苯胺及衍生物发生偶联[图1.25（c）]。5～15min内产率为80%～98%，其催化效率超过一些天然金属酶，如邻氨基酚氧化酶、漆酶和染料脱色过氧化物酶等，因而在有机合成领域具有一定的应用前景。

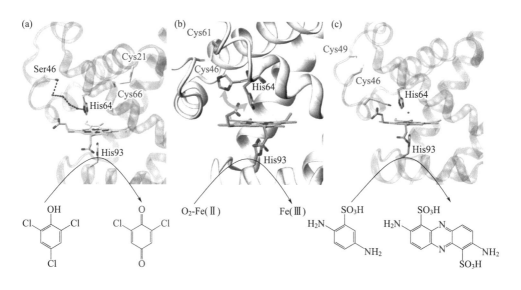

图1.25 基于Mb设计的具有分子内二硫键的突变体晶体结构与功能

（a）F46S/V21C/V66C Mb（PDB编码5ZWO）催化三氯苯酚脱氯；（b）F46C/L61C Mb（PDB编码7VW4）自氧化反应；（c）F46C/L49C Mb（PDB编码7EHX）催化偶联反应

1.4.3.2 Ngb分子内二硫键设计及其应用

人源Ngb分子内含有三个Cys残基（图1.12），其中Cys46和Cys55形成分子内二硫键，另一个独立的Cys120具有清除体内ROS/RNS功能。从蛋白质工程和分子设计角度而言，Cys120 会导致蛋白质分离纯化难、蛋白质稳定性低以及产生二聚体等问题。为消除上述影响，我们在计算机分子模拟提供结构信息的基础上，在 Cys120 空间附近选择第 15 位氨基酸位点，通过 A15C 点突变引入 Cys15［图 1.26（a）］，使其与 Cys120 形成分子内二硫键，从而提高蛋白质稳定性，而且不易产生二聚体。通过对突变体蛋白 A15C Ngb 的晶体结构进行解析，证实了分子内既存在天然二硫键 C46-C55，又存在人工二硫键 C15-C120；而且，晶体结构显示结晶液中的 1,4- 二氧六环分子也可以结合于血红素周围的空腔中［图 1.26（b）］。蛋白质稳定性测试显示，A15C Ngb 具有很高的蛋白质稳定性，其变性温度 T_m 值大于 100℃。

基于 A15C Ngb 的优越性能（如产量高和稳定性高等），我们将其作为蛋白质分子设计模型，进行人工金属酶的分子设计。首先，我们对其血红素轴向配体 His64 进行改变，用天冬氨酸进行了替换，由于第 67 位存在赖氨酸，从而构成了酸碱催化单元（D64-K67），可以促进 H_2O_2 的活化。实验结果显示，突变体蛋白 A15C/H64D Ngb 表现出脱卤过氧化物酶催化活性［图 1.26（c）］以及脱色过氧化物酶催化活性等，两种催化活性均与天然酶相当[86]。因此，在环境污染如卤代酚和工业染料废水等生物催化治理中具有一定的应用前景。

靛蓝是一种古老的染料，目前仍然是印染工业需求量较大的染料。化学合成靛蓝需要使用有机溶剂，会产生一定的环境污染。为了设计催化效率更高的人工金属酶用于催化靛蓝的合成，我们在上述双突变体的血红素附近，引入有利于促进电子传递的 Tyr49。测试结果显示，三突变 A15C/H64D/F49Y Ngb 可以高效催化吲哚及其衍生物（含—Cl、—Br 或—NO_2 基团）氧化偶联，生成靛蓝及其衍生物，产率约 90%、化学选择性约 97%［图 1.26（d）］[87]。而且，这些合成染料可被成功用于将棉纺织品染成不同的颜色，包括三基色（蓝色、红色、绿色）以及黄色和紫色等。因此，该人工金属酶有望在纺织品染色工业中得到实际应用。

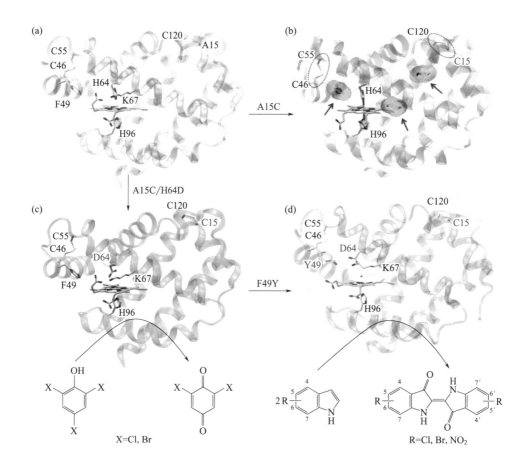

图1.26 基于 Ngb 设计的人工金属酶分子设计

（a）WT Ngb 的晶体结构（PDB 编码 4MPM）；（b）突变体 A15C Ngb 的晶体结构（PDB 编码 7VQG），显示其血红素中心、天然二硫键 C46-C55 和人工二硫键 C15-C120，箭头指示结晶液中 1,4- 二氧六环分子的结合位点；（c）突变体 A15C/H64D Ngb 的计算机模拟结构及其催化卤代酚脱卤反应；（d）突变体 A15C/H64D/F49Y Ngb 的计算机模拟结构及其催化吲哚生成靛蓝及其衍生物

为了进一步开发基于 A15C Ngb 的人工金属酶的分子设计，特别是催化新的反应如卡宾转移反应等，我们对其血红素中心周围关键氨基酸残基（如 Phe42 和 Val68 等）进行了筛选并构建了一系列突变体，发现其中双突变体蛋白 A15C/H64G Ngb 可以高效率催化重氮乙酸乙酯（EDA）与苯胺类底物（包括体积很大的底物如 1- 氨基芘），发生 N—H 插入反应，最高总转换数可达 33000，约是 Arnold 教授当时基于 P450 设计报道的 110 倍[88]。而且，该人工金属酶可以催化邻苯二胺等发生双 N—H 插入反应，形成环类化合物，这

也是第一例人工血红素金属酶可以催化此类成环反应（图1.27）的报道。其可能的分子催化机制如图1.28所示。首先，EDA与还原态蛋白反应，形成卡宾中间体，后者与邻苯二胺发生两次N—H插入反应。产物在室温或加热条件下，发生自成环反应，在空气中可以进一步脱氢，最终形成喹喔啉酮（quinoxalinones）类产物。

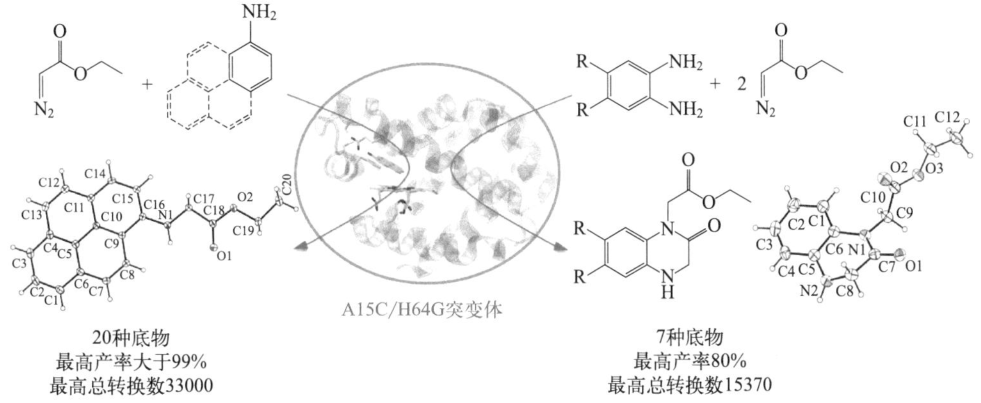

图1.27　人工金属酶A15C/H64G Ngb催化重氮乙酸乙酯与苯胺类底物发生N—H单插入或双插入反应示意图

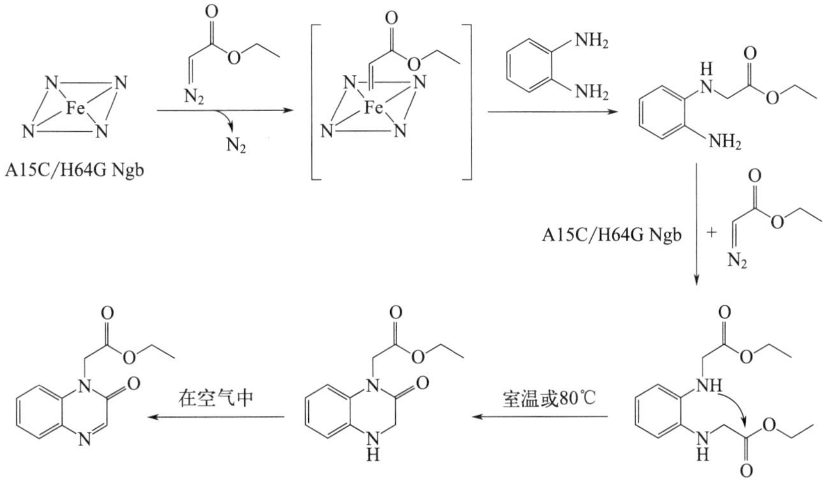

图1.28　A15C/H64G Ngb催化邻苯二胺发生N—H双插入反应形成喹喔啉酮类产物可能的分子机制

1.5 小结

人工金属酶分子设计的发展经历了半个多世纪，目前已经建立了多种分子设计方法，主要得益于基因工程、蛋白质工程、分子生物学以及计算机技术的快速发展。研究者基于天然蛋白质或人工从头设计蛋白质骨架，设计了含有不同金属离子以及不同催化功能的人工金属酶，将在本书后续章节中分别进行介绍和讨论。本章主要以基于Mb/Ngb的人工金属酶的分子设计为例，介绍了血红素蛋白的分子设计方法，以及构建的多种人工金属酶的催化功能。这些分子设计方法包括理性设计、定向进化和半理性设计等，也适用于其他不含血红素的人工金属酶。除Mb/Ngb外，其他一些血红素蛋白，如细胞色素 c 和细胞色素P450等，也是人工金属酶分子设计的理想模型，本书将在不同章节选择典型研究案例进行介绍，读者也可参阅相关研究论文和文献综述[89-93]。

参考文献

[1] Hilvert D. Design of protein catalysts [J]. Annu Rev Biochem, 2013, 82 (1): 447-470.

[2] Waldron K J, Rutherford J C, Ford D, et al. Metalloproteins and metal sensing [J]. Nature, 2009, 460 (7257): 823-830.

[3] Liu J, Chakraborty S, Hosseinzadeh P, et al. Metalloproteins containing cytochrome, iron-sulfur, or copper redox centers [J]. Chem Rev, 2014, 114 (8): 4366-4469.

[4] Lin Y W, Sawyer E B, Wang J. Rational heme protein design: All roads lead to Rome [J]. Chem Asian J, 2013, 8 (11): 2534-2544.

[5] Davis H J, Ward T R. Artificial metalloenzymes: Challenges and opportunities [J]. ACS Cent Sci, 2019, 5 (7): 1120-1136.

[6] Akabori S, Sakurai S, Fujii Y, et al. An asymmetric catalyst [J]. Nature, 1956, 178 (4528): 323-324.

[7] Breslow R, Overman L E. An artificial enzyme combining a metal catalytic group and a hydrophobic binding cavity [J]. J Am Chem Soc, 1970, 92 (4): 1075-1077.

[8] Yamamura K, Kaiser E T. Studies on the oxidase activity of copper (Ⅱ) carboxypeptidase A [J]. J Chem Soc, Chem Commun, 1976 (20): 830-831.

[9] Wilson M E, Whitesides G M. Conversion of a protein to a homogeneous asymmetric hydrogenation catalyst by site-specific modification with a diphosphinerhodium (Ⅰ) moiety [J]. J Am Chem Soc, 1978, 100 (1): 306-307.

[10] Sligar S G, Egeberg K D, Sage J T, et al. Alteration of heme axial ligands by site-directed mutagenesis: A cytochrome becomes a catalytic demethylase [J]. J Am Chem Soc, 1987, 109 (25): 7896-7897.

[11] Chen K, Arnold F H. Tuning the activity of an enzyme for unusual environments: Sequential random mutagenesis of subtilisin E for catalysis in dimethylformamide [J]. Proc Natl Acad Sci USA, 1993, 90 (12): 5618-5622.

[12] Davies R R, Distefano M D. A semisynthetic metalloenzyme based on a protein cavity that catalyzes the enantioselective hydrolysis of ester and amide substrates [J]. J Am Chem Soc 1997, 119 (48): 11643-11652.

[13] Yeung N, Lin Y W, Lu Y, et al. Rational design of a structural and functional nitric oxide reductase [J]. Nature, 2009, 462 (7276): 1079-1082.

[14] Faiella M, Andreozzi C, Degrado W F, et al. An artificial di-iron oxo-protein with phenol oxidase activity [J]. Nat Chem Biol, 2009, 5 (12): 882-884.

[15] Dydio P, Key H M, Hartwig J F, et al. An artificial metalloenzyme with the kinetics of native enzymes [J]. Science, 2016, 354 (6308): 102-106.

[16] Mirts E N, Petrik I D, Lu Y, et al. A designed heme-[4Fe-4S] metalloenzyme catalyzes sulfite reduction like the native enzyme [J]. Science, 2018, 361 (6407): 1098-1101.

[17] Liu Z, Calvó-Tusell C, Arnold F H, et al. Dual-function enzyme catalysis for enantioselective carbon-nitrogen bond formation [J]. Nat Chem, 2021, 13 (12): 1166-1172.

[18] Bhattacharya S, Margheritis E G, Korendovych I, et al. Nmr-guided directed evolution [J]. Nature, 2022, 610 (7931): 389-393.

[19] Kalvet I, Ortmayer M, Baker D, et al. Design of heme enzymes with a tunable substrate binding pocket adjacent to an open metal coordination site[J]. J Am Chem Soc, 2023, 145 (26): 14307-14315.

[20] Sarai N S, Fulton T J, Arnold F H, et al. Directed evolution of enzymatic silicon-carbon bond cleavage in siloxanes [J]. Science, 2024, 383 (6681): 438-443.

[21] Lin Y W. Rational design of metalloenzymes: From single to multiple active sites [J]. Coord Chem Rev, 2017, 336: 1-27.

[22] Yu Y, Liu X, Wang J Y. Expansion of redox chemistry in designer metalloenzymes [J]. Acc Chem Res, 2019, 52 (3): 557-565.

[23] Nastri F, D'Alonzo D, Leone L, et al. Engineering metalloprotein functions in designed and native scaffolds [J]. Trends Biochem Sci, 2019, 44 (12): 1022-1040.

[24] van Stappen C, Deng Y, Liu Y, et al. Designing artificial metalloenzymes by tuning of the environment beyond the primary coordination sphere [J]. Chem Rev, 2022, 122 (14): 11974-12045.

[25] Lovelock S L, Crawshaw R, Basler S, et al. The road to fully programmable protein catalysis [J]. Nature, 2022, 606 (7912): 49-58.

[26] Lin Y, Wang J, Lu Y. Functional tuning and expanding of myoglobin by rational protein design [J]. Sci China Chem, 2014, 57 (3): 346-355.

[27] Fujieda N, Schätti J, Stuttfeld E, et al. Enzyme repurposing of a hydrolase as an emergent peroxidase upon metal binding [J]. Chem Sci, 2015, 6 (7): 4060-4065.

[28] van de Velde F, Könemann L. Enantioselective sulfoxidation mediated by vanadium-incorporated phytase: A hydrolase acting as a peroxidase [J]. Chem Commun, 1998 (17): 1891-1892.

[29] Okrasa K, Kazlauskas R J. Manganese-substituted carbonic anhydrase as a new peroxidase [J]. Chemistry, 2006, 12 (6): 1587-1596.

[30] Jing Q, Okrasa K, Kazlauskas R J. Stereoselective hydrogenation of olefins using rhodium-substituted carbonic anhydrase—A new reductase [J]. Chemistry, 2009, 15 (6): 1370-1376.

[31] Zheng C, Ji Z, Boxer S G, et al. Enhanced active-site electric field accelerates enzyme catalysis [J]. Nat Chem, 2023, 15 (12): 1715-1721.

[32] Oohora K, Onoda A, Hayashi T. Hemoproteins reconstituted with artificial metal complexes as biohybrid catalysts [J]. Acc Chem Res, 2019, 52 (4): 945-954.

[33] Garner D K, Liang L, Lu Y, et al. The important role of covalent anchor positions in tuning catalytic properties of a rationally designed MnSalen-containing metalloenzyme [J]. ACS Catal, 2011, 1 (9): 1083-1089.

[34] Chalkley M J, Mann S I, Degrado W F. *De novo* metalloprotein design [J]. Nature Reviews Chemistry, 2022, 6 (1): 31-50.

[35] Plegaria J S, Duca M, Pecoraro V L, et al. *De novo* design and characterization of copper metallopeptides inspired by native cupredoxins [J]. Inorg Chem, 2015, 54 (19): 9470-9482.

[36] Urayama P, Phillips G N, Gruner S M. Probing substates in sperm whale myoglobin using high-pressure crystallography [J]. Structure, 2002, 10 (1): 51-60.

[37] Guimaraes B G, Hamdane D, Lechauve C, et al. The crystal structure of wild-type human brain neuroglobin reveals flexibility of the disulfide bond that regulates oxygen affinity [J]. Acta Crystallogr D Biol Crystallogr, 2014, 70 (Pt 4): 1005-1014.

[38] Lin Y W. Functional metalloenzymes based on myoglobin and neuroglobin that exploit covalent interactions [J]. J Inorg Biochem, 2024: 112595.

[39] Du J F, Li W, Li L, et al. Regulating the coordination state of a heme protein by a designed distal hydrogen-bonding network [J]. ChemistryOpen, 2015, 4 (2): 97-101.

[40] Zeng J, Zhao Y, Li W, et al. Hydrogen-bonding network in heme active site regulates the hydrolysis activity of myoglobin [J]. J Mol Catal B: Enzym, 2015, 111: 9-15.

[41] Zhao Y, Du K J, Gao S Q, et al. Distinct mechanisms for DNA cleavage by myoglobin with a designed heme active center [J]. J Inorg Biochem, 2016, 156: 113-121.

[42] Wu L B, Yuan H, Gao S Q, et al. Regulating the nitrite reductase activity of myoglobin by redesigning the heme active center [J]. Nitric Oxide, 2016, 57: 21-29.

[43] Tong X Y, Yang X Z, Teng X, et al. Myoglobin mutant with enhanced nitrite reductase activity regulates intracellular oxidative stress in human breast cancer cells [J]. Arch Biochem Biophys, 2022, 730: 109399.

[44] Yin L L, Yuan H, Liu C, et al. A rationally designed myoglobin exhibits a catalytic dehalogenation efficiency more than 1000-fold that of a native dehaloperoxidase [J]. ACS Catal, 2018, 8 (10): 9619-9624.

[45] Zhang P, Xu J, Wang X J, et al. The third generation of artificial dye-decolorizing peroxidase rationally designed in myoglobin [J]. ACS Catal, 2019, 9 (9): 7888-7893.

[46] Wu G R, Xu J K, Sun L J, et al. Application of engineered heme enzymes based on myoglobin with high peroxidase activity for efficient degradation of various emerging pollutants [J]. J Environ Chem Eng, 2023, 11 (6): 111471.

[47] Reed C J, Lam Q N, Mirts E N, et al. Molecular understanding of heteronuclear active sites in heme-copper oxidases, nitric oxide reductases, and sulfite reductases through biomimetic modelling [J]. Chem Soc Rev, 2021, 50 (4): 2486-2539.

[48] Sigman J A, Kwok B C, Lu Y. From myoglobin to heme-copper oxidase: Design and engineering of a cub center into sperm whale myoglobin [J]. J Am Chem Soc, 2000, 122 (34): 8192-8196.

[49] Miner K D, Mukherjee A, Gao Y G, et al. A designed functional metalloenzyme that reduces O_2 to H_2O with over one thousand turnovers [J]. Angew Chem Int Ed Engl, 2012, 51 (23): 5589-5592.

[50] Lin Y W, Yeung N, Gao Y G, et al. Roles of glutamates and metal ions in a rationally designed nitric oxide reductase based on myoglobin [J]. Proc Natl Acad Sci USA, 2010, 107 (19): 8581-8586.

[51] Luo J, Du K J, Yuan H, et al. Rational design of an artificial nuclease by engineering a hetero-dinuclear center of mg-heme in myoglobin [J]. ACS Catal, 2020, 10 (24): 14359-14365.

[52] Zhao J, Burke A J, Green A P. Enzymes with noncanonical amino acids [J]. Curr Opin Chem Biol, 2020, 55: 136-144.

[53] Liu X, Yu Y, Hu C, et al. Significant increase of oxidase activity through the genetic incorporation of a tyrosine-histidine cross-link in a myoglobin model of heme-copper oxidase [J]. Angew Chem Int Ed Engl, 2012, 51 (18): 4312-4316.

[54] Yu Y, Zhou Q, Wang J Y, et al. Significant improvement of oxidase activity through the genetic incorporation of a redox-active unnatural amino acid [J]. Chem Sci, 2015, 6 (7): 3881-3885.

[55] Yu Y, Lv X, Wang J Y, et al. Defining the role of tyrosine and rational tuning of oxidase activity by genetic incorporation of unnatural tyrosine analogs [J]. J Am Chem Soc, 2015, 137 (14): 4594-4597.

[56] Zhou Q, Hu M, Wang J Y, et al. Probing the function of the Tyr-Cys cross-link in metalloenzymes by the genetic incorporation of 3-methylthiotyrosine [J]. Angew Chem Int Ed Engl, 2013, 52 (4): 1203-1207.

[57] Chand S, Ray S, Pierce B S, et al. Improved rate of substrate oxidation catalyzed by genetically-engineered myoglobin [J]. Arch Biochem Biophys, 2018, 639: 44-51.

[58] Chand S, Ray S, Pierce B S, et al. Abiological catalysis by myoglobin mutant with a genetically incorporated unnatural amino acid [J]. Biochem J, 2021, 478 (9): 1795-1808.

[59] Pott M, Tinzl M, Hilvert D, et al. Noncanonical heme ligands steer carbene transfer reactivity in an artificial metalloenzyme [J]. Angew Chem Int Ed, 2021, 60 (27): 15063-15068.

[60] Kagawa Y, Oohora K, Hayashi T, et al. Redox engineering of myoglobin by cofactor substitution to enhance cyclopropanation reactivity [J]. Angew Chem Int

Ed, 2024: e202403485.

[61] Huang H, Yan T, Wang J, et al. Genetically encoded N_δ-vinyl histidine for the evolution of enzyme catalytic center [J]. Nature Commun, 2024, 15 (1): 5714.

[62] Chen Z Y, Yuan H, Wang H, et al. Regulating the heme active site by covalent modifications: Two case studies of myoglobin [J]. ChemBioChem, 2024, 25 (3): e202300678.

[63] Oohora K, Hayashi T. Myoglobins engineered with artificial cofactors serve as artificial metalloenzymes and models of natural enzymes [J]. Dalton Trans, 2021, 50 (6): 1940-1949.

[64] Carey J R, Ma S K, Lu Y, et al. A site-selective dual anchoring strategy for artificial metalloprotein design [J]. J Am Chem Soc, 2004, 126 (35): 10812-10813.

[65] Sreenilayam G, Moore E J, Fasan R, et al. Stereoselective olefin cyclopropanation under aerobic conditions with an artificial enzyme incorporating an iron-chlorin e6 cofactor [J]. ACS Catal, 2017, 7 (11): 7629-7633.

[66] Guo C, Chadwick R J, Bruns N, et al. Peroxidase activity of myoglobin variants reconstituted with artificial cofactors [J]. ChemBioChem, 2022, 23 (18): e202200197.

[67] Dong Y, Chen Y M, Kong X J, et al. Rational design of an artificial hydrolytic nuclease by introduction of a sodium copper chlorophyllin in L29E myoglobin [J]. J Inorg Biochem, 2022, 235: 111943.

[68] Arnold F H. Directed evolution: Bringing new chemistry to life [J]. Angew Chem Int Ed Engl, 2018, 57 (16): 4143-4148.

[69] Wan L, Twitchett M B, Smith M, et al. *In vitro* evolution of horse heart myoglobin to increase peroxidase activity [J]. Proc Natl Acad Sci USA, 1998, 95 (22): 12825-12831.

[70] Blomberg R, Kries H, Pinkas D M, et al. Precision is essential for efficient catalysis in an evolved Kemp eliminase [J]. Nature, 2013, 503 (7476): 418-421.

[71] Maurus R, Overall C M, Bogumil R, et al. A myoglobin variant with a polar substitution in a conserved hydrophobic cluster in the heme binding pocket [J]. Biochim Biophys Acta, 1997, 1341 (1): 1-13.

[72] Bordeaux M, Tyagi V, Fasan R. Highly diastereoselective and enantioselective olefin cyclopropanation using engineered myoglobin-based catalysts [J]. Angew Chem Int Ed Engl, 2015, 54 (6): 1744-1748.

[73] Bajaj P, Sreenilayam G, Tyagi V, et al. Gram-Scale synthesis of chiral cyclopropane-containing drugs and drug precursors with engineered myoglobin

[73] catalysts featuring complementary stereoselectivity [J]. Angew Chem Int Ed Engl, 2016, 55 (52): 16110-16114.

[74] Sreenilayam G, Fasan R. Myoglobin-catalyzed intermolecular carbene N–H insertion with arylamine substrates [J]. Chem Commun (Camb), 2015, 51 (8): 1532-1534.

[75] Tyagi V, Bonn R B, Fasan R. Intermolecular carbene S–H insertion catalysed by engineered myoglobin-based catalystsdagger [J]. Chem Sci, 2015, 6 (4): 2488-2494.

[76] Zhang X, Chen D, Ward T R, et al. Repurposing myoglobin into an abiological asymmetric ketoreductase [J]. Chem, 2024, 10 (8): 2577-2589.

[77] Key H M, Dydio P, Hartwig J, et al. Abiological catalysis by artificial haem proteins containing noble metals in place of iron [J]. Nature, 2016, 534 (7608): 534-537.

[78] Sreenilayam G, Moore E J, Fasan R, et al. Metal substitution modulates the reactivity and extends the reaction scope of myoglobin carbene transfer catalysts [J]. Adv Synth Catal, 2017, 359 (12): 2076-2089.

[79] Keppner A, Maric D, Correia M, et al. Lessons from the post-genomic era: Globin diversity beyond oxygen binding and transport [J]. Redox Biology, 2020, 37: 101687.

[80] Watanabe S, Takahashi N, Uchida H, et al. Human neuroglobin functions as an oxidative stress-responsive sensor for neuroprotection [J]. J Biol Chem, 2012, 287 (36): 30128-30138.

[81] Reeder B J, Ukeri J. Strong modulation of nitrite reductase activity of cytoglobin by disulfide bond oxidation: Implications for nitric oxide homeostasis [J]. Nitric Oxide, 2018, 72: 16-23.

[82] Wu L B, Yuan H, Zhou H, et al. An intramolecular disulfide bond designed in myoglobin fine-tunes both protein structure and peroxidase activity [J]. Arch Biochem Biophys, 2016, 600: 47-55.

[83] Yin L L, Yuan H, Du K-J, et al. Regulation of both the structure and function by a *de novo* designed disulfide bond: A case study of heme proteins in myoglobin [J]. Chem Commun (Camb), 2018, 54 (34): 4356-4359.

[84] Sun L J, Yuan H, Yu L, et al. Structural and functional regulations by a disulfide bond designed in myoglobin like human neuroglobin [J]. Chem Commun (Camb), 2022, 58 (39): 5885-5888.

[85] Sun L J, Yuan H, Xu J K, et al. Phenoxazinone synthase-like activity of rationally designed heme enzymes based on myoglobin [J]. Biochemistry, 2023, 62 (2): 369-377.

[86] Chen S F, Liu X C, Xu J K, et al. Conversion of human neuroglobin into a multifunctional peroxidase by rational design [J]. Inorg Chem, 2021, 60 (4): 2839-2845.

[87] Chen L, Xu J K, Li L, et al. Design and engineering of neuroglobin to catalyze the synthesis of indigo and derivatives for textile dyeing [J]. Mol Syst Des Eng, 2022, 2022 (7): 239-247.

[88] Sun L J, Wang H, Xu J K, et al. Exploiting and engineering neuroglobin for catalyzing carbene N–H insertions and the formation of quinoxalinones [J]. Inorg Chem, 2023, 62 (40): 16294-16298.

[89] Ying T, Zhong F, Wang Z H, et al. A route to novel functional metalloproteins via hybrids of cytochrome P450 and cytochrome c [J]. ChemBioChem, 2011, 12 (5): 707-710.

[90] Kan S B, Lewis R D, Chen K, et al. Directed evolution of cytochrome c for carbon-silicon bond formation: Bringing silicon to life [J]. Science, 2016, 354 (6315): 1048-1051.

[91] Hirota S, Mashima T, Kobayashi N. Use of 3D domain swapping in constructing supramolecular metalloproteins [J]. Chem Commun (Camb), 2021, 57 (91): 12074-12086.

[92] Ariyasu S, Stanfield J K, Aiba Y, et al. Expanding the applicability of cytochrome P450s and other haemoproteins [J]. Curr Opin Chem Biol, 2020, 59: 155-163.

[93] Fan S, Cong Z. Emerging strategies for modifying cytochrome P450 monooxygenases into peroxizymes [J]. Acc Chem Res, 2024, 57 (4): 613-624.

第 2 章

含铁（Fe）人工金属酶设计与应用

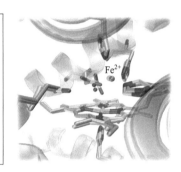

26 [Ar]3d^{6}4s^2

铁Fe

Iron

55.845

本章目录

- 2.1 含铁天然酶简介
- 2.2 含血红素及其类似物人工金属酶
- 2.3 其他含 Fe- 配合物的人工金属酶
- 2.4 含铁离子的人工金属酶
- 2.5 含硫铁簇的人工金属酶
- 2.6 小结

参考文献

2.1 含铁天然酶简介

生物体系中含铁的天然酶多为氧化还原酶,如甲烷单加氧酶(methane monooxygenase, MMO)、儿茶酚双加氧酶(dioxygenase)、细胞色素 P450 (CYP450)、过氧化酶(peroxygenase)和过氧化物酶(peroxidase)等,其中铁离子以单/双铁离子、血红素或硫铁簇等形成结合于蛋白中,利用 O_2 或 H_2O_2 等作为氧化剂,氧化不同类型的底物[1]。其中,细胞色素 P450、过氧化酶和过氧化物酶的催化机理见知识框 2.1[2]。读者可以参阅相关书籍,这里仅举两例说明含铁天然酶的结构与催化功能。

知识框 2.1:

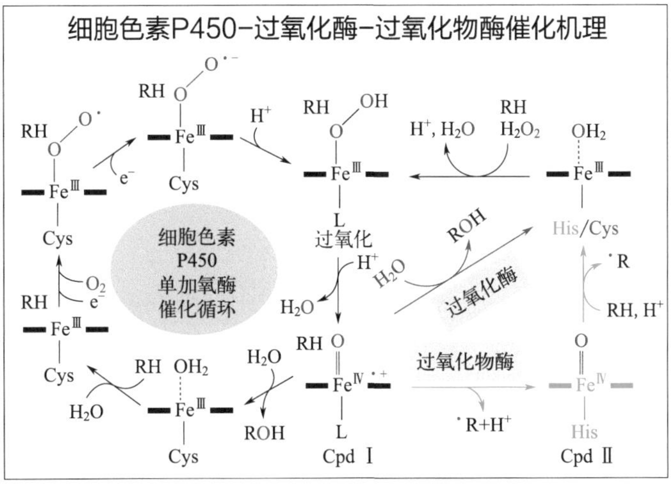

细胞色素P450-过氧化酶-过氧化物酶催化机理

Rieske 双加氧酶是一类研究较多的非血红素铁双加氧酶,分子中含有一个 2-His-1-Asp 配位的单核非血红素铁催化中心,以及有一个 2-His-2-Cys 配位的 [2Fe-2S] 硫铁簇电子传递中心 [图 2.1(a)][3]。其中,保守性氨基酸 Asp180 将两个活性中心连接起来,促进电子由硫铁簇向非血红素铁中心转移。Rieske 双加氧酶主要催化芳香底物,包括苯甲酸酯、甲苯/联苯、萘和菲等。在氧化芳香底物过程中,会形成 O_2 与非血红素铁的侧向结合模型,可以同步羟化底物分子,其氧化分子机理如图 2.1(b)所示[4]。

氯过氧化物酶（chloroperoxidase, CPO）属于过氧化物酶中的一种，可以催化 H_2O_2 对有机化合物的氯化反应，以及催化过氧化物酶等其他类型反应。其结构特征在于其血红素的近端配体为 Cys，与细胞色素 P450 类似 [图 2.1（c）][5]；其血红素远端利用 Glu183 作为酸碱催化剂活化 H_2O_2，生成催化中间体化合物 I（compound I，Cpd I，$Fe=O^+•$ 离子自由基）。例如，氧化态 CPO 能够在 H_2O_2 存在下，催化 2,4,6-三氯苯酚发生氧化脱卤反应，生成产物 2,6-二氯醌，其氧化机理研究如图 2.1（d）所示[6]。

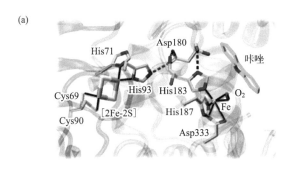

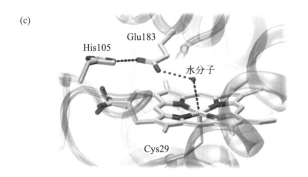

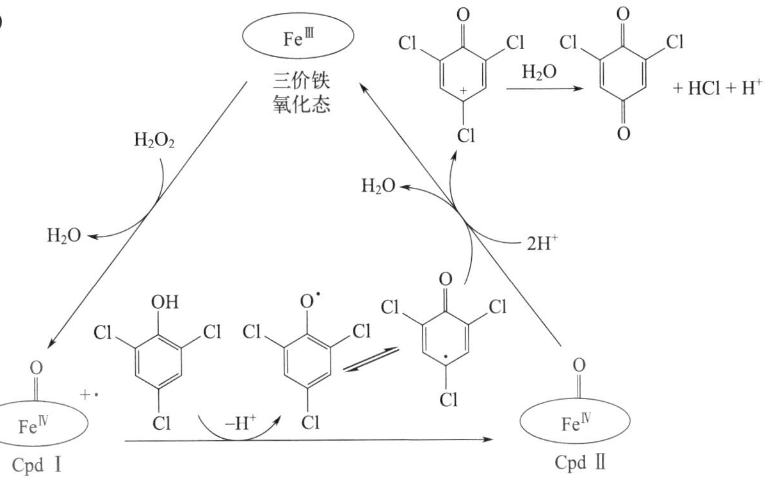

图 2.1 具有代表性的含铁天然酶的结构与催化功能

(a) Rieske 双加氧酶与咔唑复合物的晶体结构（PDB 编码 3VMI[3]）；(b) Rieske 双加氧酶催化芳香类底物加氧的分子机理[4]；(c) 氯过氧化物酶的晶体结构（PDB 编码 1CPO[5]）；(d) 氯过氧化物酶催化 2,4,6-三氯苯酚脱卤的分子机理[6]

2.2 含血红素及其类似物人工金属酶

2.2.1 血红素衍生物与天然蛋白组装及其在生物催化中的应用

自然界含有多种血红素（heme）辅基，其中血红素 b 为铁原卟啉Ⅸ（Fe-protoporphyrin Ⅸ），其卟啉环 1-、3-、5-、8- 位为甲基；2-、4- 位为乙烯基；6-、7- 位为丙酸根。其他类型血红素包括 heme a、c、d、d_1、o 以及氯化血红素（chloroheme）和西罗血红素（siroheme）等（图 2.2），存在于不同的血红素蛋白/酶分子中[7]。相对于 Heme b 而言，这些卟啉环具有不同的修饰方式，包括乙烯基发生加成反应（形成 C—O 或 C—S 键）、甲基发生氧化反应以及吡咯环发生加氢反应等，从而具有不同的性质与功能。这些天然血红素辅基的存在，启发了科研人员设计人工血红素金属酶。例如，可以对血红素的侧链辅基或卟啉环进行不同化学修饰，特别是血红素的两个丙酸根容易进行化学修饰，可以制备一系列血红素衍生物，与蛋白肽链进行重组后，可以构建具有不同性质与功能的人工血红素金属酶。

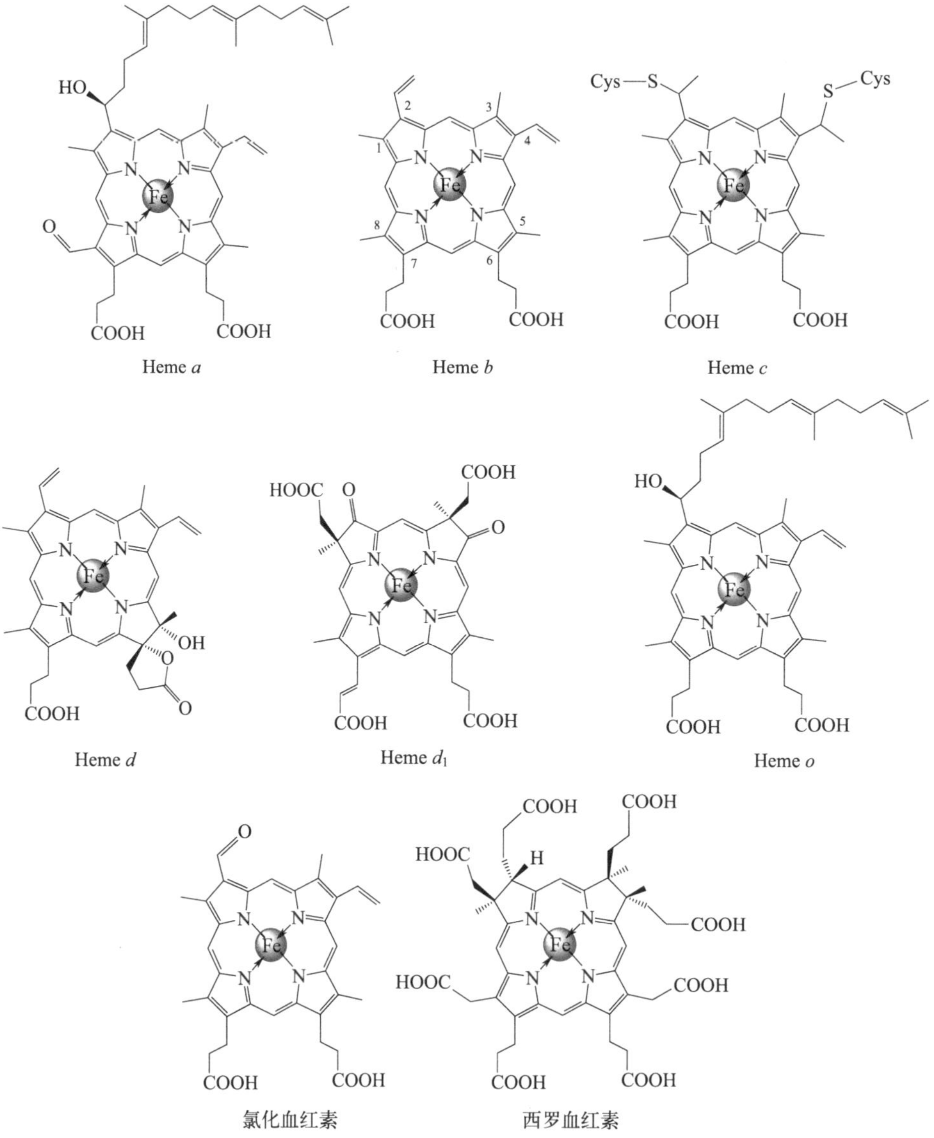

图 2.2 自然界存在的不同类型的血红素辅基的化学结构

Watanabe 等[8]通过使用带有苯基基团（图 2.3，R_1），对血红素的两个丙酸根进行化学修饰，进而脱辅基肌红蛋白 Apo-H64D Mb 突变体重组，由此可在血红素辅基附近构建底物的结合位点，从而有利于催化反应，如催化愈创木酚的氧化（图2.4）。过氧化物酶催化测试显示，重组蛋白 2R$_1$-heme-H64D 的催化效率［催化常数（k_{cat}）=1.2s^{-1}，米氏常数（K_M）=0.052mmol·L^{-1}，k_{cat}/K_M=23000L·(mol·s)$^{-1}$］约是野生型 Mb 的 433 倍［k_{cat}=2.8s^{-1}，K_M=54mmol·L^{-1}，k_{cat}/K_M=53L·(mol·s)$^{-1}$］，其中米氏常数较野生型 Mb 降低了约 1038 倍，说明重组蛋白对底物愈创木酚具有更高的亲和力。在后续的研究中，Matsuo 等[9]用带有更多苯基的基团（图 2.3，R$_2$）对血红素的一个丙酸根进行化学修饰，同样与脱辅基 Apo-H64D Mb 突变体进行重组。结果显示，所构建的人工金属酶 R$_2$-heme-H64D Mb 表现出更高的过氧化物酶催化效率［k_{cat}=24s^{-1}，K_M=0.29mmol·L^{-1}，k_{cat}/K_M=85000L·(mol·s)$^{-1}$］，甚至超过了天然 HRP 的催化剂率［k_{cat}/K_M = 72000L·(mol·s)$^{-1}$］。

与 R$_1$ 和 R$_2$ 基团不同，带有多个氨基基团（图 2.3，R$_3$）修饰血红素的两个丙酸根时，可使修饰后的血红素带多个正电荷。例如，当 2R$_3$-heme 与电子传递蛋白细胞色素 b_{562} 的脱辅基蛋白重组后，2R$_3$-heme-Cyt b_{562} 表现出更强的双螺旋 DNA 结合能力[11]。此外，DNA 链（图 2.3，R$_4$）也可直接共价修饰到血红素的一个或两个丙酸根上。Niemeyer 等[12]将 DNA-heme 修饰物重组到脱辅基 Apo-Mb，所构建的 DNA-蛋白复合物 2R$_4$-heme-Mb 表现出比天然 Mb 更高的过氧化物催化活性，其中两个丙酸根均修饰后的催化活性高于单个丙酸根修饰后的催化活性。而且研究发现，过氧化物催化活性与 DNA 碱基数具有相关性，其中 12～24 个 DNA 碱基修饰后具有较高的催化活性[13]。

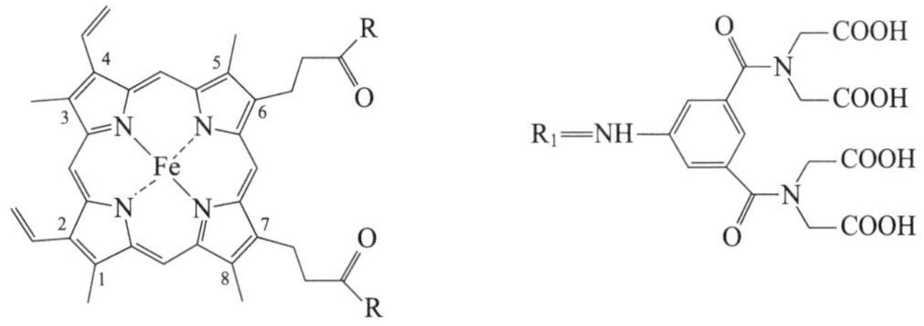

图2.3

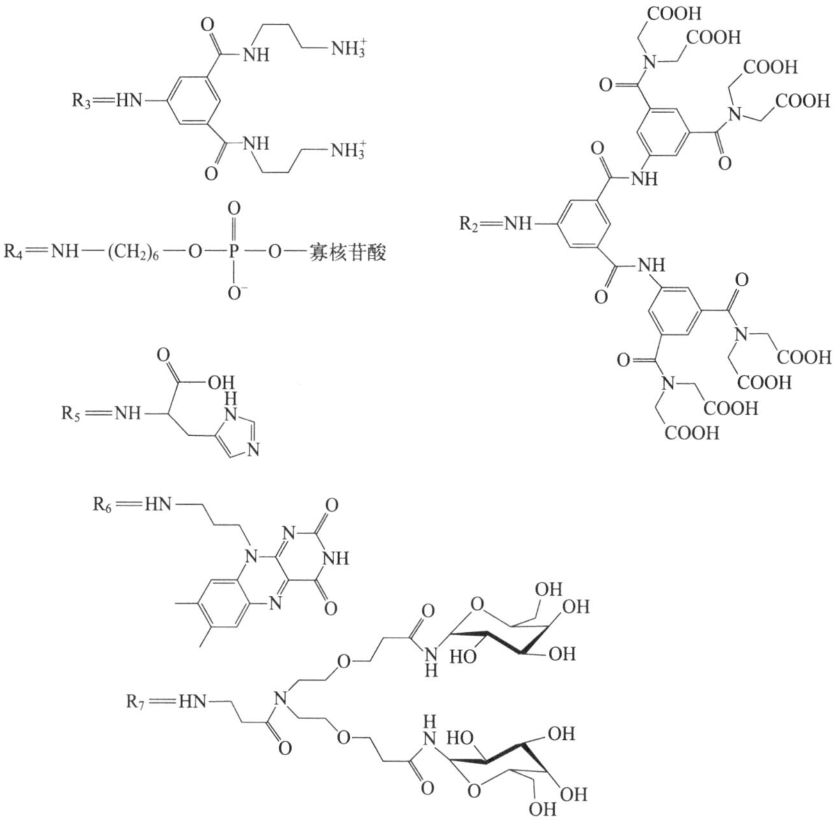

图2.3 用于修饰血红素丙酸根的不同化学基团的分子结构

天然氨基酸、黄素和糖类分子等也可对血红素丙酸根进行化学修饰，用于构建具有不同催化活性的人工金属酶。例如，Casella等[14]用组氨酸对血红素的一个丙酸根进行化学修饰（图2.3，R_5），与脱辅基Apo-Mb重组后的蛋白R_5-heme-Mb，可以催化酪胺（tyramine）氧化，其催化效率[158L·(mol·s)$^{-1}$]是天然Mb效率[24L·(mol·s)$^{-1}$]的6.5倍。而且，当与脱辅基突变体蛋白Apo-T67R/S92D Mb重组后，其催化效率可以提高8.75倍[k_{cat}/K_M = 210L·(mol·s)$^{-1}$][15]。由此可见，Arg67和修饰血红素的组氨酸基团可能具有与天然过氧化物酶催化中心结构单元（Arg-His）类似的催化功能。

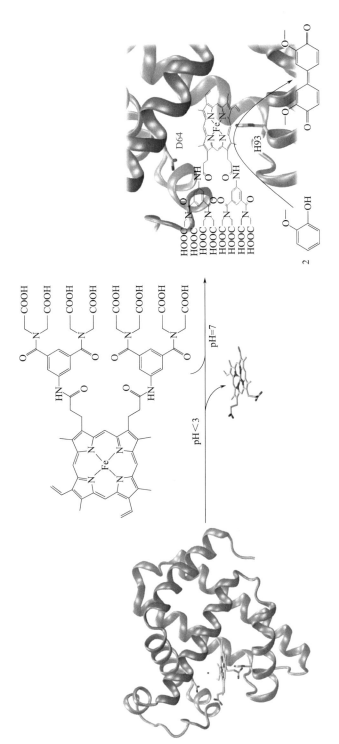

图 2.4 突变体蛋白 H64D Mb 的晶体结构（PDB 编码 7XCQ[10]）及其与丙酸根修饰后的血红素重组示意图[7]（箭头标示所构建的人工金属酶催化底物愈创木酚的氧化）

Matsuo 等[16]选用黄素（flavin）对血红素的一个丙酸根进行化学修饰（图 2.3，R_6），在与脱辅基 Apo-Mb 重组后发现，重组蛋白 R_6-heme-Mb 具有类似细胞色素 P450 的催化活性，可以接收还原辅酶 I（nicotinamide adenine dinucleotide，NADH）传递的电子，活化分子氧 O_2，形成超氧阴离子活性中间体 $Fe(III)-O_2^{2-}$。在另一研究中，Matsuo 等[17]用半乳糖（galactose）结构单元（图 2.3，R_7）修饰了血红素的一个丙酸根，进而与脱辅基 Apo-Mb 进行重组，可以获得一种糖基化 Mb，也是构建糖基化血红素蛋白的一种全新的方法，其相关应用还值得进一步探索和开发。

2.2.2 血红素类似物与天然蛋白组装及其在有机合成中的应用

除对血红素侧链进行化学修饰合成其衍生物外，还可以对血红素卟啉环进行结构改造，进而与血红素蛋白质骨架进行重组，构建人工金属酶。如一些卟吩环的异构体，包括 porphycene（Pc）、hemipophycene（HPc）和 corrphycene（Cn）等，其化学结构如图 2.5 所示，这些人工血红素类似物具有与血红素类似的体积，可以替换天然血红素辅基与蛋白肽链进行组合，用于构建人工金属蛋白和金属酶[18]。

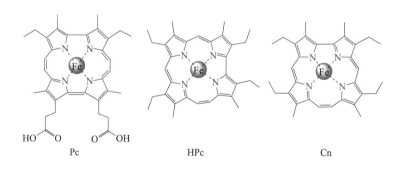

图 2.5　一些血红素类似物的化学结构

例如，Mastuo 等[19]将 Fe-Pc 与脱辅基 Apo-Mb 重组后发现，Fe-Pc-Mb

的 O_2 结合能力显著增强，是天然 Mb 的 2600 倍。在后续研究中，Mastuo 等[20]报道了 Fe-Pc-Mb 的晶体结构[图 2.6（a）]，并测试了其过氧化物酶催化活性。结果显示，Fe-Pc-Mb 在 H_2O_2 条件下，催化愈创木酚氧化的速率是天然 Mb 的 11 倍（pH=7.0）在 Fe-Pc 与 Apo-HRP 重组后，催化苯甲硫醚氧化的速率可以提高 10 倍。此外，研究发现，Fe-Pc-Mb 还具有卡宾转移酶的催化功能。在还原条件下，可以形成卡宾中间体，催化苯乙烯发生环化反应，其催化速率是天然 Mb 的 26 倍[21]。而且，在还原条件下，Fe-Pc-Mb 可以催化分子内 C—H 胺化反应。如图 2.6（b）所示，催化底物 1 生成产物 2 的产率为 64%，其中产物 2 与产物 3 的比值为 96︰4。天然 Mb 催化该反应生成产物 2 的产率为 51%，产物 2 与产物 3 的比值为 80︰20[22]。最近研究还发现，Fe-Pc-Mb 具有醛肟脱水酶（aldoxime dehydratase, Oxd），可催化一系列脂肪和芳基醛肟水解生成相应的腈（有些产率可大于 95%），而且在血红素附近引入羟基（如 V68S 突变）可以显著提高催化效率[23]。因此，作为人工辅基 Fe-Pc 替代血红素，可以显著改善蛋白的性质及提高多种催化效率和产物的选择性等。

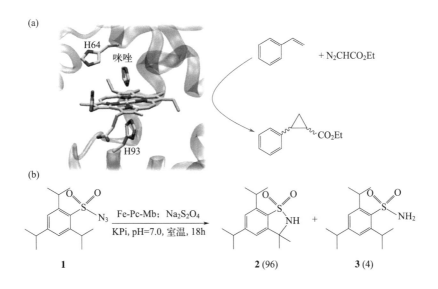

图 2.6 血红素类似物与 Apo-Mb 重组构建人工金属酶

（a）Fe-Pc-Mb 与咪唑形成复合物的晶体结构（PDB 编码 2D6C[20]）及其催化苯乙烯环化反应；（b）Fe-Pc-Mb 催化分子内 C—H 胺化反应

对于其他铁卟啉以及非血红素蛋白质骨架，则可通过"特洛伊木马"（Trojan horse）方法构建人工金属酶。例如，Mahy 等[24]利用抗原雌二醇（estradiol）和抗体之间的高亲和性（$K_d=9.5×10^{-10}$ mol·L^{-1}），合成了一种吡啶基-Fe-卟啉-雌二醇偶联体，将其结合于雌二醇抗体［图2.7（a）］。所构建的人工金属酶具有选择性氧化功能，如在 H_2O_2 存在条件下，可以催化苯硫醚的氧化（对映体过量值10%）；在氧化剂 $KHSO_5$ 存在条件下，可以催化苯乙烯的环氧化等。

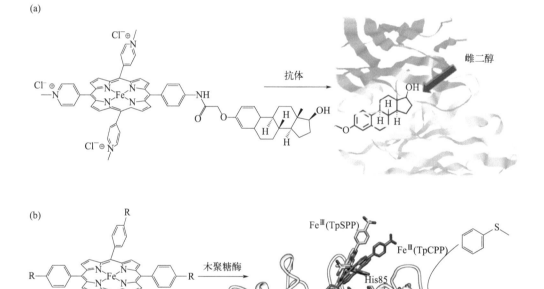

图2.7　利用铁卟啉配合物与非血红素蛋白重组构建人工金属酶

（a）一种吡啶基-Fe-卟啉-雌二醇偶联体结合于雌二醇抗体示意图；（b）带负电荷的碳酸或磺酸基Fe-卟啉-配合物与蛋白xylanase A组装形成人工金属酶催化苯硫醚氧化示意图

此外，还可以通过静电作用将具有不同电荷的铁卟啉结合于蛋白质空腔。例如，Mahy 等[25]研究发现，具有带正电荷的木聚糖酶（xylanase A，XlnA）可以结合带负电荷的碳酸或磺酸基 Fe-卟啉-配合物［图2.7（b）］。而且，可以通过加入咪唑基团作为辅助催化剂，催化苯硫醚氧化，最高产率为85%，主要产物为 S 构型（对映体过量值40%）。虽然单独的铁-卟啉配合物产率为33%～45%，但产物没有立体选择性，从而说明蛋白肽链微环境的调控作用。以上研究案例揭示，通过制备不同卟啉配合物，利用疏水作用、氢键以及电荷相互作用等，与适当的蛋白质骨架进行组装，利用蛋白微环境调控立体选择性，都是构建人工金属酶非常有效的方法。

2.2.3 血红素与非天然蛋白组装及其在环境催化和有机合成中的应用

除利用天然蛋白质骨架外，研究者通过设计非天然蛋白质骨架，与血红素等辅基进行组装，可以构建全新的人工金属酶。例如，在一项开创性的研究中，Dutton 等[26]设计了一种 α 螺旋-环-α-螺旋序列，二聚形成一个四股 α-螺旋束，可以结合两个血红素辅基。除了利用配位和氢键作用外，Lombardi 等[27]通过丙酸根共价连接一个血红素，构建了一种具有 α 螺旋-heme-α 螺旋夹层结构的人工金属蛋白 MC4，提高了蛋白质的稳定性，并可以进一步对血红素活性位点进行改造（图2.8）。例如，除去血红素一个轴向组氨酸配体后可形成 MC6，再增加一个远端精氨酸可形成 MC6*，类似天然过氧化物酶血红素中心结构。通过血红素或其他金属置换卟啉（如 Co^{2+} 和 Mn^{2+}），可以获得过氧化物酶以及氢化酶等催化功能[28-31]。而且，利用点击化学方法，可以将人工金属酶 Heme-MC6* 固定在金纳米粒子表面，同样具有过氧化物酶催化活性，因此可以作为一种纳米生物酶进行应用[32]。

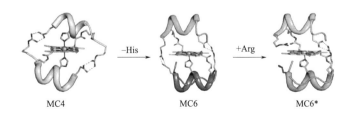

图2.8 具有共价结合辅基的人工金属酶 MC4 的溶液结构（PDB 编码 1VL3），从头设计出缺少一个轴向组氨酸的 MC6 的模拟结构，以及具有远端精氨酸的 MC6* 的模拟结构

Anderson 等[33]从头设计（*de novo* design）一种由四股 α- 螺旋束组成的全新蛋白质骨架（图 2.9），可通过类似细胞色素 *c*（Cyt *c*）形成两个 C—S 键，共价结合一个血红素辅基，而且可以调控血红素远端位点以提高其过氧化物酶活性。除常见底物外，该新型人工金属酶还表现出脱卤过氧化物酶（dehaloperoxidase，DHP）催化活性，比天然 DHP 的脱卤活性高约 5 倍。分子模拟显示，该人工金属酶可以与底物 2,4,6-TCP 形成复合物。而且，该从头设计的人工金属酶可以通过大肠杆菌细胞（*Eschevichia coli* cells，*E. Coli* cells）中的 Cyt *c* 表达体系进行蛋白表达和血红素组装，因此可以作为一种方便可得的功能性生物酶，用于环境污染物卤代酚的生物降解等领域。

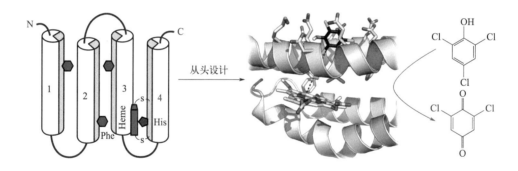

图 2.9　从头设计具有共价结合血红素的四股 α- 螺旋及其与底物 2,4,6-TCP 结合的模拟结构（箭头标示其脱卤过氧化物酶催化活性）

Baker 等[34]利用计算机辅助设计（computer-aided design），通过软件 Rosetta 进行蛋白质骨架筛选和血红素辅基匹配，设计了一种高亲和力血红素结合蛋白（称为 dnHEM1），其晶体结构如图 2.10（a）所示。血红素中心具有一个轴向配体 His148，另一个开放的轴向位点有利于产生反应活性中间体，血红素远端的疏水空腔可用于底物的结合。通过调控其血红素活性中心，如通过 L8D/A47D/I186L（称为 dnHEM1.2）和 V11R/D39H/A47R（称为 dnHEM1.2B）突变，可以在血红素中心引入有利于 H_2O_2 活化的 Asp

或 His-Arg，从而提高其过氧化物酶催化活性，如催化 Amplex Red 氧化（dnHEM1，k_{cat}=9.5s^{-1}；dnHEM1.2，k_{cat}=37.0 s^{-1}；dnHEM1.2B，k_{cat}=129.5s^{-1}）。而且，所设计的血红素蛋白酶 dnHEM1 具有卡宾转移酶催化活性，如催化苯乙烯发生环丙烷化反应。通过定向进化，重新设计其血红素空腔微环境，如分别引入 D39L、R43I、S46F 或 D39Y、R43V、S46V 等氨基酸突变［分别称为 dnHEM1-*SS*19 和 dnHEM1-*RR*2，图 2.10（b）］，通过调控卡宾和底物苯乙烯结合的构象，可以获得对映互补产物（*SS* 或 *RR*），产率均可高达 99%（分离产率 93%）。

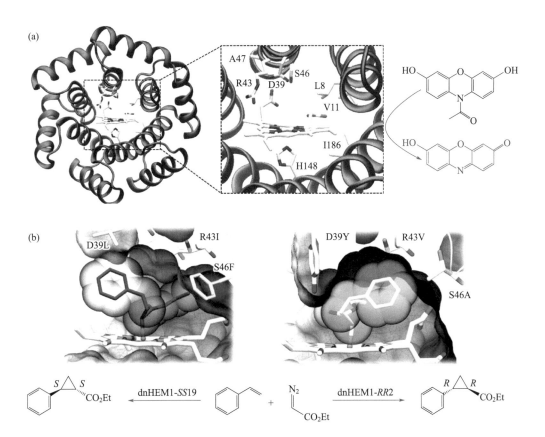

图 2.10　基于计算机辅助设计的血红素结合蛋白 dnHEM1 及其催化功能

（a）dnHEM1 的晶体结构（PDB 编码 8C3W[34]）及其血红素活性中心配位结构（箭头表示催化 Amplex Red 氧化示意图）；（b）定向进化 dnHEM1 的卡宾转移酶催化活性，dnHEM1-*SS*19 和 dnHEM1-*RR*2 分别催化苯乙烯环氧化底物结构模拟图及产物的分子构型

2.3 其他含 Fe- 配合物的人工金属酶

除天然血红素及其衍生物与类似物外，可以通过化学合成多种 Fe（铁）- 配合物，如第 1 章介绍的金属席夫碱配合物等。此外，一些具有类似血红素 N 配位的 Fe- 配合物，如吡啶（pyridine，Py）和胺类配体等可以与 Fe 形成具有催化功能的配合物。将这些 Fe- 配合物与蛋白质进行组装后，可以利用蛋白质的氨基酸微环境，进一步调控 Fe- 配合物的催化产物选择性或立体选择性。

例如，Ménage 等[35]利用药物分子布洛芬（ibuprofen，Ibu）与人血清白蛋白（human serum albumin, HSA）之间的相互作用，使用 N_2Py_2 配体合成了一种铁配合物，作为布洛芬的衍生物，与 HSA 组装成人工金属酶（Fe-Ibu-HSA），如图 2.11 所示。该人工金属酶可以利用 NaOCl 作为氧化剂，高效催化苯甲硫醚氧化至产物亚砜（SO），产物选择性为 69%，转换频率为 459 min^{-1}。而单独铁配合物没有产物选择性，97% 转化为苯甲硫砜（SO_2），说明蛋白质复合物可以提高金属配合物的产物选择性。

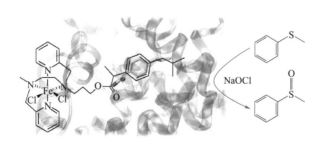

图 2.11　布洛芬铁配合物衍生物非共价结合至人血清白蛋白（PDB 编码 2BXG[36]）及其催化苯甲硫醚氧化

在上述研究中，铁配合物与蛋白质骨架之间主要通过非共价键疏水性相互作用进行结合。更多的研究则是通过共价键，将金属配合物结合到蛋白质骨架上。其中，最常见的是利用半胱氨酸的高反应性能，例如半胱氨酸的巯基容易与马来酰亚胺形成 C—S 键。Mahy 等[37]利用 β-乳球蛋白（β-lactoglobulin, BLG）中 Cys121，将一种马来酰亚胺三吡啶铁配合物与蛋白进行共价结合［图 2.12（a）］。该人工金属酶可以在 H_2O_2 存在条件下，形成活性中间体 $Fe^{III}-O_2$，催化苯甲硫醚氧化，得到唯一产物亚砜，而且具有立体选择性（对映体过量值 22%）。在另一项研究中，Jarvis 等[38]利用类似的方法，将铁的三吡啶甲基氨配合物共价连接至一种甾醇载体蛋白 2（sterol carrier protein type 2，SCP-2）突变体 A100C 的空腔中，可以催化 H_2O_2 氧化木质素模型化合物［图 2.12（b）］；而且，通过 F94E 突变引入羧基配体，有助于进一步提高催化效率（产率 54%）。因此，这些人工金属酶有望用于木质素等生物质的催化转化和有效利用。

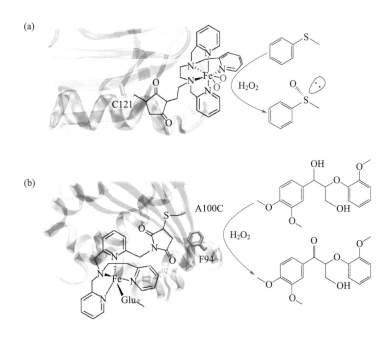

图 2.12　通过共价连接法构建含铁配合物的人工金属酶及其催化功能

（a）铁配合物共价连接至 β-乳球蛋白（PDB 编码 3BLG[39]）及其催化苯甲硫醚氧化；（b）铁配合物共价连接至甾醇载体蛋白 2（PDB 编码 1IKT[40]）及其催化木质素模型化合物氧化（通过 H_2O_2）

2.4 含铁离子的人工金属酶

2.4.1 单铁离子活性中心及其在生物催化中的应用

铁离子的配位通常需要有合适的配体，形成八面体配位构型。因而相对于含血红素以及含铁配合物的人工金属酶分子设计而言，构建含单铁离子活性中心的人工金属酶较为困难。例如，第1章第1.4节介绍的基于肌红蛋白Mb设计的结合Cu^{2+}的蛋白Cu_BMb不能结合Fe^{2+}，在引入羧基配体后即可结合Fe^{2+}，称为Fe_BMb[41]。进一步引入E107后，其金属中心结构与天然NOR非常类似（图2.13），催化速率也进一步提高[42]。研究表明通过活性中心的优化，可以调控金属离子的结合及其配位状态与周围微环境等，从而调控其生物催化功能。

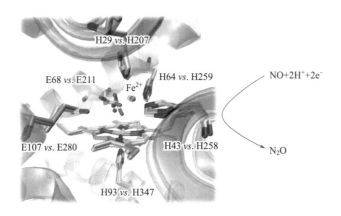

图2.13 基于Mb设计的I107E Fe_BMb的晶体结构（橙色，PDB编码3M39）与天然NOR（青色，PDB编码3O0R）的活性中心比较及其催化NO反应生成N_2O示意图

同样，对天然存在的金属蛋白的活性中心进行适当的改造，可以使其结合其他金属离子，从而构建其他类型的金属酶。天青蛋白（azurin，Az）是一种电子蛋白，倾向于结合Cu（Ⅰ）和Cu（Ⅱ），其配体分别为His46、His117和Cys112，轴向Met121，以及Gly45的骨架羰基［图2.14（a）］[43]。虽然

Fe（Ⅱ）也可以掺入铜结合位点，但占有率较低，仅为35%。Lu等[44]对天青蛋白的铜金属中心进行了重新设计，用一个Glu取代M121后，提高了突变体M121E Az与Fe（Ⅱ）的结合亲和力[100%占有率，图2.14（b）]。研究发现，Fe（Ⅱ）-M121E Az具有清除超氧化物的活性，虽然远低于天然超氧化物还原酶（superoxide reductase, SOR）的活性，但通过将Fe（Ⅱ）中心外围引入正电性氨基酸Lys（M44K突变）后，可以模拟天然SOR活性中心关键氨基酸K48，后者可以促进超氧化物的结合，使其活性提高两个数量级。这些研究结果表明，通过对天然蛋白的金属中心进行离子置换，活性中心的重新设计，以及活性中心外围微环境的调控相结合，可以设计出具有特殊催化功能的人工金属酶。

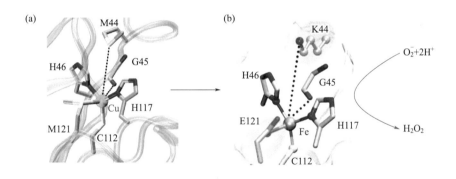

图2.14 基于天青蛋白Az设计含铁离子的人工金属酶及其催化功能

（a）天青蛋白Az的晶体结构（PDB编码1AZU[43]）；（b）Fe（Ⅱ）-M121E Az的晶体结构（PDB编码4QLW[44]）及其催化超氧阴离子还原示意图

2.4.2 双铁离子活性中心及其在生物催化中的应用

相比于单铁离子活性中心，双铁离子活性中心的构建具有更高的难度。受天然含双铁离子金属酶的启发，Degrado及其合作者[45]率先基于含有双铁中心的四股螺旋束（four-helix bundles），称为"Due Ferri"（DF）家族，设计人工金属酶并深入研究了其结构与功能关系。结果显示，螺旋-环-螺旋二聚体能够结合两个亚铁离子，称为di-Fe（Ⅱ）-DF3，可以催化O_2氧化体积较大的底物儿茶酚衍生物，如 3,5-二叔丁基儿茶酚（3,5-DTBC），生成相应的醌（3,5-DTBQ）[k_{cat}=13.2min^{-1}，k_{cat}/K_M=6315L·(mol·min)$^{-1}$][图 2.15（a）]，其催化效率比体积较小的底物 4-氨基苯酚（4-AP）高约 4.6 倍 [k_{cat}=27.2min^{-1}，k_{cat}/K_M=1380L·(mol·min)$^{-1}$][46]。

通过进一步优化四股螺旋束的结构，可以提高人工金属酶的稳定性。例如通过计算机辅助，可以重新设计蛋白序列，使为四股螺旋束成为单个多肽链，每个螺旋之间通过环结构进行连接（称为 DFsc）。而且，通过引入四个甘氨酸 Gly 残基（G4DFsc），可以在蛋白质骨架中构建一个底物通道，从而使所构建的人工金属酶 di-Fe（Ⅱ）-3His-G4DFsc 能够催化 4AP 进行双电子氧化反应，生成相应的醌氨。此外，通过在二铁中心引入额外的组氨酸，可以模拟天然对氨基苯甲酸 N-氧化酶（p-aminobenzoate N-oxygenase）的活性中心，优化所得的所构建的人工金属酶 di-Fe（Ⅱ）-3His-G4DFsc 可以有效催化对甲氧基苯胺转化为相应的羟胺 [图 2.15（b）][47]。这些研究表明，DF 家族蛋白是设计具有双金属位点人工金属酶的理想蛋白质骨架，可以从人工苯酚氧化酶调整到人工 N-羟化酶。

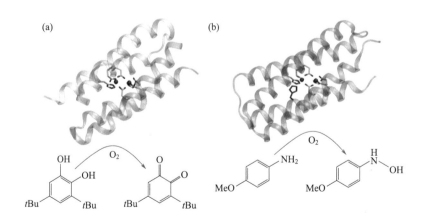

图 2.15 含有双铁离子的人工金属酶的分子设计及其催化功能

（a）人工金属蛋白 di-Zn（Ⅱ）-DF3 的晶体结构（PDB 编码 2KIK）及其铁的取代物催化儿茶酚衍生物氧化示意图[46]；（b）人工金属蛋白 di-Zn（Ⅱ）-3His-G4DFsc 的溶液结构（PDB 编码 2LFD[47]）及其铁的取代物催化对甲氧基苯胺氧化示意图

2.5 含硫铁簇的人工金属酶

天然金属蛋白具有多种电子传递中心,其中包括单一金属离子(如铁和铜)、金属配合物(如血红素)以及金属簇(如不同的硫铁簇[2Fe-2S]、[3Fe-4S]或[4Fe-4S]),其氧化还原电位范围从 -700mV 到 +800mV[1]。由于硫铁簇在生物学中具有电子传递和催化功能,研究者对含硫铁簇的人工金属蛋白和金属酶的设计产生了浓厚的兴趣。目前,含硫铁簇的人工金属的设计取得了重大进展,不仅有助于深入了解复杂的自然催化系统,也在工业和能源领域具有一定的应用前景[48-49]。

2.5.1 作为电子传递中心及其在生物催化中的应用

受天然含硫铁簇金属蛋白结构的启发,Ghirlanda 等[50]通过在三螺旋束二聚体的疏水腔中心引入 8 个 Cys 残基,发现可以与两个立方体型[4Fe-4S]簇进行原位重组,从而提高热稳定性。然而,由于两个团簇相距 29~34Å($1Å=10^{-10}m$),导致电子传递效率不高。在第二代蛋白质设计中,他们将两个硫铁簇之间的距离缩短到 12Å[图 2.16(a)],这一距离与天然铁氧还蛋白(ferredoxins)的硫铁簇之间的距离相当(≤15Å)[51]。除了结构模拟外,所设计的蛋白质(命名为 DSD-Fdm)的氧化还原电位(-479mV,[4Fe-4S]$^{2+/1+}$)也在天然铁氧还蛋白的范围内。因此,该人工金属蛋白能够有效传递电子给细胞色素 Cyt c_{550} 图 2.16(a),其化学计量为 Cyt c_{550}:DSD-Fdm=2:1,这与天然铁氧还蛋白的功能非常相似。该人工金属蛋白的氧化还原电位具有可控性,可以通过氨基酸配体置换进行调控。例如,用 Ser 或 Leu 取代其中一个 Cys 配体,可将氧化还原电位分别提高到 -4mV 和 12mV[52]。此外,Falkowskia 等[53]设计了具有对称性的人工铁氧还蛋白,可以结合两个[4Fe-4S]簇,其氧化还原电位区间为 -405~-515mV,而且可以在大肠杆菌细胞内进行电子传递等。

亚硫酸盐还原酶(sulfite reductase,SiR)是生物体系硫循环代谢过程中关键的生物酶之一（见知识框 2.2），具有复杂的活性中心，其中包括辅基 Siroheme 以及半胱氨酸桥连的 [4Fe-4S] 簇，其晶体结构如图 2.16（b）所示[54-55]。为了研究这种特殊的金属酶结构与功能的关系，Lu 等[56]选择结构相对简单的细胞色素 c 氧化酶（cytochrome c oxidase, CcO）作为蛋白质骨架，设计了一个人工亚硫酸盐还原酶 [图 2.16（c）]。通过蛋白分子设计软件 Rosetta 的帮助，四个残基被突变为 Cys（H175C、T180C、W191C 和 L232C），以与 [4Fe-4S] 簇中的铁离子配位，其中 Cys175 充当血红素铁的轴向配体。模拟结构 [图 2.16（c）右] 显示，所设计 Heme-[4Fe-4S] 金属中心与天然酶 SiR 的活性中心 Siroheme-[4Fe-4S] 非常相似。为了进一步优化血红素活性位点的微环境以改善底物 SO_3^{2-} 的结合和催化，又进行了三重突变（W51K、H52R 和 P145K），从而将还原酶的活性提高了约 5.3 倍。此外，通过 D235N 或 D235C 突变，可以进一步在 [4Fe-4S] 簇上引入氢键，进一步提高催化活性（17 倍和 63 倍），其最高还原速率为 21.8 min^{-1}，约为天然酶 SiR 的 18%（121 min^{-1}）。研究结果表明，通过合理设计 [4Fe-4S] 簇，并对活性中心外围次级相互作用（如氢键等）进行调控，可以设计具有复杂活性中心的人工酶，进而催化本来难以实现的多电子与多质子还原反应。

知识框 2.2：

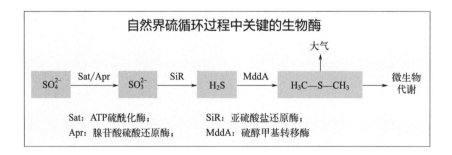

2.5.2 作为生物催化中心及其在生物能源中的应用

在人工金属酶分子设计中，硫铁簇除发挥着电子传递功能外，还可以直接作为催化中心，如将硫铁簇作为人工氢化酶的催化中心等。Hayashi 等[57]利用 Cyt c 中与血红素结合的两个半胱氨酸 Cys14 和 Cys17（Cys-X-Y-Cys 片段），去除血红素辅基后，制备脱辅基细胞色素 c（Apo-Cyt c），采用直接锚定方法，可以将具有光催化活性的双铁中心与 Cys-X-Y-Cys 片段反应形成硫铁簇，同时 CO 参与铁的配位，进而在蛋白质骨架中形成活性中心 $[Fe_2(\mu\text{-}S\text{-}Cys)(CO)_6]$（图 2.17）。研究发现，在光敏剂 $[Ru(bpy)_3]^{2+}$ 和电子供体抗坏血酸存在条件下，所构建的人工氢化酶能有效产生 H_2，2h 后达到高峰，转换数（TON）约为 80，最大转换频率（TOF）约为 $2.1min^{-1}$。对比实验显示，将二铁中心与七肽片段 YKCAQCH 反应构成小型人工氢化酶，其产生 H_2 的 TOF 仅为 $0.47min^{-1}$。由此可见，人工金属酶硫铁簇活性中心附近的蛋白微环境对于高效光催化产生 H_2 至关重要。

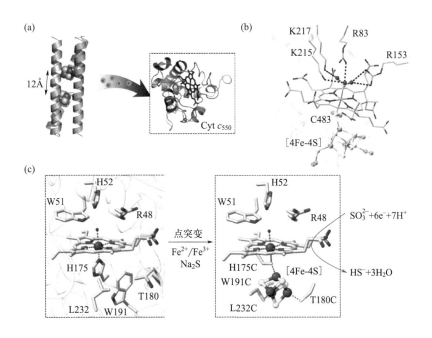

图 2.16 含有硫铁簇的人工金属蛋白 / 人工金属酶的分子设计

（a）基于人工合成蛋白 DSD-Fdm 设计两个 [4Fe-4S] 结合位点及其与 Cyt c 之间传递电子示意图[51]；（b）天然亚硫酸盐还原酶与 SO_3^{2-} 复合物的晶体结构（PDB 编码 2GEP[55]）；（c）基于细胞色素 c 氧化酶晶体结构（PDB 编码 2CYP[56]）设计 [4Fe-4S] 簇及其催化 SO_3^{2-} 还原示意图

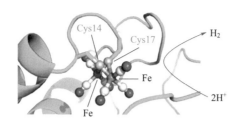

图 2.17　基于脱 Apo-Cyt c 设计的含硫铁簇的人工氢化酶

对于没有 Cys-X-Y-Cys 片段的蛋白质骨架，则可以通过引入 Cys 的方法，将合成的硫铁簇共价结合到目标蛋白质骨架。Hayashi 等[58]选择一氧化氮结合蛋白（nitrobindin, NB）作为蛋白质骨架，后者是一种血红素结合蛋白，血红素结合于其 β-管状结构的疏水空腔中。去除血红素辅基后，其空腔可以容纳其他人工金属辅基。由于野生型 NB 蛋白没有 Cys 残基，因而构建了 NB 三突变体蛋白 M75L/Q96C/M148L，进而将带有马来酰亚胺基团的硫铁簇 $[Fe_2(\mu\text{-}S)_2(CO)_6]$ 共价结合到该突变体蛋白的空腔中（图 2.18）。研究发现，在光敏剂 $[Ru(bpy)_3]^{2+}$ 和过量抗坏血酸存在条件下，所构建的人工氢化酶也能有效产生 H_2，在 6h 后达到峰值，TON 为 130，TOF 约为 $2.3min^{-1}$。

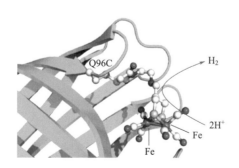

图 2.18　基于 NO 结合蛋白 NB 突变体 M75L/Q96C/M148L 设计共价结合硫铁簇的人工氢化酶

此外，研究报道[4Fe-4S]簇还可以催化 C_1 类底物（如 CO_2 和 CO）还原为碳氢化合物 C_nH_m（如 CH_4、C_2H_4 和 C_2H_6）。基于此，Ward 等[59]选择生

物素和链霉亲和素（biotin-steptavidin）体系，合成了一种双生物素偶联的[4Fe-4S]簇，与链霉亲和素蛋白质骨架进行非共价结合组装。研究发现，该人工金属酶（又称为费托合成酶 Fischer–Tropschase，FTase）在 1 标准大气压（atm，1atm=101325Pa）CO_2 以及 Eu（Ⅱ）-DTPA（二乙基三胺五乙酸-铕）作为还原剂条件下，可以催化生成短链短烷烃和烯烃（$C_1 \sim C_4$）。进一步优化[4Fe-4S]簇周围的微环境，例如通过K121D突变，可以提高其催化的转换数，最高可达 14。

2.6 小结

由于含铁天然酶在生物体系中发挥重要的作用，因此含铁人工金属酶分子设计也是最广泛研究和应用的一类人工金属酶。本章按照含铁人工金属酶的活性中心进行了分类讨论，包括含有血红素及其类似物的人工金属酶，含有单铁、双铁以及硫铁簇为中心的人工金属酶等。所使用的蛋白质骨架包括天然血红素蛋白（如 Mb、HRP、Cyt b_{562} 和 CcO 等）、金属结合蛋白（如 Az）、非金属结合蛋白（如 HSA、抗体、XlnA 等）以及从头设计的蛋白质骨架（如 MC6 和 dnHEM1.2 等）。其催化反应类型主要包括：①氧化反应（利用 H_2O_2 或 O_2 等作为氧化剂，催化过氧化物反应、脱卤反应，以及不对称催化氧化等）；②还原反应（催化超氧离子 O_2^-、SO_3^{2-}，以及质子 H^+ 等还原）；③卡宾转移反应（不对称环加成反应等）。人工金属酶具有独特的优势，如稳定性、产物的选择性等，其中有些人工金属酶的催化活性甚至超过了天然酶，也有些能催化天然酶不能催化的反应（如卡宾转移反应）等。因此，这些含铁人工金属酶可以替代天然酶，或者弥补天然酶的不足，在生物催化、有机合成、环境催化以及生物能源等领域有着重要的应用价值。

参考文献

[1] Liu J, Chakraborty S, Hosseinzadeh P, et al. Metalloproteins containing cytochrome, iron-sulfur, or copper redox centers [J]. Chem Rev, 2014, 114 (8): 4366-4469.

[2] Shin I, Wang Y, Liu A. A new regime of heme-dependent aromatic oxygenase superfamily [J]. Proc Natl Acad Sci USA, 2021, 118 (43): e2106561118.

[3] Ashikawa Y, Fujimoto Z, Usami Y, et al. Structural insight into the substrate- and dioxygen-binding manner in the catalytic cycle of rieske nonheme iron oxygenase system, carbazole 1, 9a-dioxygenase [J]. BMC Struct Biol, 2012, 12: 15.

[4] Dunham N P, Arnold F H. Nature's machinery, repurposed: Expanding the repertoire of iron-dependent oxygenases [J]. ACS Catal, 2020: 12239-12255.

[5] Sundaramoorthy M, Terner J, Poulos T L. The crystal structure of chloroperoxidase: A heme peroxidase-cytochrome P450 functional hybrid [J]. Structure, 1995, 3 (12): 1367-1377.

[6] Osborne R L, Raner G M, Hager L P, et al. C. Fumago chloroperoxidase is also a dehaloperoxidase: Oxidative dehalogenation of halophenols [J]. J Am Chem Soc, 2006, 128 (4): 1036-1037.

[7] Lin Y W. Structure and function of heme proteins regulated by diverse post-translational modifications [J]. Arch Biochem Biophys, 2018, 641: 1-30.

[8] Sato H, Hayashi T, Ando T, et al. Hybridization of modified-heme reconstitution and distal histidine mutation to functionalize sperm whale myoglobin [J]. J Am Chem Soc, 2004, 126 (2): 436-437.

[9] Matsuo T, Fukumoto K, Watanabe T, et al. Precise design of artificial cofactors for enhancing peroxidase activity of myoglobin: Myoglobin mutant H64D reconstituted with a "single-winged cofactor" is equivalent to native horseradish peroxidase in oxidation activity [J]. Chem Asian J, 2011, 6 (9): 2491-2499.

[10] Liu J, Xu J K, Yuan H, et al. Engineering globins for efficient biodegradation of malachite green: Two case studies of myoglobin and neuroglobin [J]. RSC Advances, 2022, 12 (29): 18654-18660.

[11] Onoda A, Nagai H, Koga S, et al. DNA-binding hemoproteins tethering polyamine interface [J]. Bull Chem Soc Jpn, 2010, 83 (4): 375-377.

[12] Fruk L, Muller J, Niemeyer C M. Kinetic analysis of semisynthetic peroxidase enzymes containing a covalent DNA-heme adduct as the cofactor [J]. Chemistry, 2006, 12 (28): 7448-7457.

[13] Glettenberg M, Niemeyer C M. Tuning of peroxidase activity by covalently

tethered DNA oligonucleotides [J]. Bioconj Chem, 2009, 20 (5): 969-975.

[14] Monzani E, Alzuet G, Casella L, et al. Properties and reactivity of myoglobin reconstituted with chemically modified protohemin complexes [J]. Biochemistry, 2000, 39 (31): 9571-9582.

[15] Roncone R, Monzani E, Murtas M, et al. Engineering peroxidase activity in myoglobin: The haem cavity structure and peroxide activation in the T67R/S92D mutant and its derivative reconstituted with protohaemin-l-histidine [J]. Biochem J, 2004, 377 (3): 717-724.

[16] Matsuo Y, Hirota K, Nakamura H, et al. Redox regulation by thioredoxin and its related molecules [J]. Drug News Perspect, 2002, 15 (9): 575-580.

[17] Matsuo T, Nagai H, Hisaeda Y, et al. Construction of glycosylated myoglobin by reconstitutional method [J]. Chem Commun, 2006 (29): 3131-3133.

[18] Oohora K, Onoda A, Hayashi T. Hemoproteins reconstituted with artificial metal complexes as biohybrid catalysts [J]. Acc Chem Res, 2019, 52 (4): 945-954.

[19] Matsuo T, Dejima H, Hirota S, et al. Ligand binding properties of myoglobin reconstituted with iron porphycene: Unusual O_2 binding selectivity against CO binding [J]. J Am Chem Soc, 2004, 126 (49): 16007-16017.

[20] Matsuo T, Murata D, Hisaeda Y, et al. Porphyrinoid chemistry in hemoprotein matrix: Detection and reactivities of iron (Ⅳ) -oxo species of porphycene incorporated into horseradish peroxidase [J]. J Am Chem Soc, 2007, 129 (43): 12906-12907.

[21] Oohora K, Meichin H, Zhao L, et al. Catalytic cyclopropanation by myoglobin reconstituted with iron porphycene: Acceleration of catalysis due to rapid formation of the carbene species [J]. J Am Chem Soc, 2017, 139 (48): 17265-17268.

[22] Kagawa Y, Oohora K, Hayashi T. Intramolecular C－H bond amination catalyzed by myoglobin reconstituted with iron porphycene [J]. J Inorg Biochem, 2024, 252: 112459.

[23] Kato S, Abe M, Groger H, et al. Reconstitution of myoglobin with iron porphycene generates an artificial aldoxime dehydratase with expanded catalytic activities [J]. ACS Catalysis, 2024, 14, (17): 13081-13087.

[24] Mahy J P, Maréchal J D, Ricoux R. From "hemoabzymes" to "hemozymes": Towards new biocatalysts for selective oxidations [J]. Chem Commun, 2015, 51 (13): 2476-2494.

[25] Ricoux R, Allard M, Mahy J P, et al. Selective oxidation of aromatic sulfide catalyzed by an artificial metalloenzyme: New activity of hemozymes [J]. Org Biomol Chem, 2009, 7 (16): 3208.

[26] Robertson D E, Farid R S, Dutton P L, et al. Design and synthesis of multi-haem proteins [J]. Nature, 1994, 368 (6470): 425-432.

[27] Lombardi A, Nastri F, Marasco D, et al. Design of a new mimochrome with unique topology [J]. Chemistry, 2003, 9 (22): 5643-5654.

[28] Anderson J L, Armstrong C T, Kodali G, et al. Constructing a man-made c-type cytochrome maquette *in vivo*: Electron transfer, oxygen transport and conversion to a photoactive light harvesting maquette [J]. Chem Sci, 2014, 5 (2): 507-514.

[29] Firpo V, Le J M, Pavone V, et al. Hydrogen evolution from water catalyzed by cobalt-mimochrome VI *a, a synthetic mini-protein [J]. Chem Sci, 2018, 9 (45): 8582-8589.

[30] Caserta G, Chino M, Firpo V, et al. Enhancement of peroxidase activity in artificial mimochrome VI catalysts through rational design [J]. ChemBioChem, 2018, 19 (17): 1823-1826.

[31] Leone L, Chino M, Nastri F, et al. Mimochrome, a metalloporphyrin-based catalytic swiss knifedagger [J]. Biotechnol Appl Biochem, 2020, 67 (4): 495-515.

[32] Zambrano G, Chino M, Renzi E, et al. Clickable artificial heme-peroxidases for the development of functional nanomaterials [J]. Biotechnol Appl Biochem, 2020, 67 (4): 549-562.

[33] Watkins D W, Jenkins J M X, Anderson J L R, et al. Construction and *in vivo* assembly of a catalytically proficient and hyperthermostable *de novo* enzyme [J]. Nat Commun, 2017, 8 (1): 358.

[34] Kalvet I, Ortmayer M, Baker D, et al. Design of heme enzymes with a tunable substrate binding pocket adjacent to an open metal coordination site [J]. J Am Chem Soc, 2023, 145 (26): 14307-14315.

[35] Rondot L, Girgenti E, Ménage S, et al. Catalysis without a headache: Modification of ibuprofen for the design of artificial metalloenzyme for sulfide oxidation [J]. J Mol Catal A: Chem, 2016, 416: 20-28.

[36] Ghuman J, Zunszain P F, Petitpas I, et al. Structural basis of the drug-binding specificity of human serum albumin [J]. J Mol Biol, 2005, 353 (1): 38-52.

[37] Buron C, Senechal-David K, Ricoux R, et al. An artificial enzyme made by covalent grafting of an Fe (II) complex into beta-lactoglobulin: Molecular chemistry, oxidation catalysis, and reaction-intermediate monitoring in a protein [J]. Chemistry, 2015, 21 (34): 12188-12193.

[38] Doble M V, Jarvis A G, Ward A C C, et al. Artificial metalloenzymes as catalysts for oxidative lignin degradation [J]. ACS Sustainable Chem Eng, 2018, 6 (11): 15100-15107.

[39] Qin B Y, Bewley M C, Creamer L K, et al. Structural basis of the tanford transition of bovine β-lactoglobulin [J]. Biochemistry, 1998, 37（40）: 14014-14023.

[40] Haapalainen A M, van Aalten D M F, Meriläinen G, et al. Crystal structure of the liganded SCP-2-like domain of human peroxisomal multifunctional enzyme type 2 at 1.75 Å resolution [J]. J Mol Biol, 2001, 313（5）: 1127-1138.

[41] Yeung N, Lin Y W, Gao Y G, et al. Rational design of a structural and functional nitric oxide reductase [J]. Nature, 2009, 462（7276）: 1079-1082.

[42] Lin Y W, Yeung N, Gao Y G, et al. Roles of glutamates and metal ions in a rationally designed nitric oxide reductase based on myoglobin [J]. Proc Natl Acad Sci USA, 2010, 107（19）: 8581-8586.

[43] Adman E T, Jensen L H. Structural features of azurin at 2.7 Å resolution [J]. Isr J Chem, 1981, 21（1）: 8-12.

[44] Liu J, Meier K K, Lu Y, et al. Redesigning the blue copper azurin into a redox-active mononuclear nonheme iron protein: Preparation and study of Fe（Ⅱ）-M121E azurin [J]. J Am Chem Soc, 2014, 136（35）: 12337-12344.

[45] Hill R B, Raleigh D P, Degrado W F, et al. *De novo* design of helical bundles as models for understanding protein folding and function [J]. Acc Chem Res, 2000, 33（11）: 745-754.

[46] Faiella M, Andreozzi C, de Rosales R T, et al. An artificial di-iron oxo-protein with phenol oxidase activity [J]. Nat Chem Biol, 2009, 5（12）: 882-884.

[47] Snyder R A, Butch S E, Reig A J, et al. Molecular-level insight into the differential oxidase and oxygenase reactivities of *de novo* due ferri proteins [J]. J Am Chem Soc, 2015, 137（29）: 9302-9314.

[48] Fontecave M. Iron-sulfur clusters: Ever-expanding roles [J]. Nat Chem Biol, 2006, 2（4）: 171-174.

[49] Nanda V, Senn S, Pike D H, et al. Structural principles for computational and *de novo* design of [4Fe-4S] metalloproteins [J]. Biochim Biophys Acta 2016, 1857（5）: 531-538.

[50] Roy A, Sarrou I, Ghirlanda G, et al. *De novo* design of an artificial bis[4Fe-4S] binding protein [J]. Biochemistry, 2013, 52（43）: 7586-7594.

[51] Roy A, Sommer D J, Schmitz R A, et al. A *de novo* designed 2[4Fe-4S] ferredoxin mimic mediates electron transfer [J]. J Am Chem Soc, 2014, 136（49）: 17343-17349.

[52] Sommer D J, Roy A, Astashkin A, et al. Modulation of cluster incorporation specificity in a *de novo* iron-sulfur cluster binding peptide [J]. Biopolymers, 2015, 104（4）: 412-418.

[53] Mutter A C, Tyryshkin A M, Campbell I J, et al. *De novo* design of symmetric ferredoxins that shuttle electrons *in vivo* [J]. Proc Natl Acad Sci USA, 2019, 116 (29): 14557-14562.

[54] Crane B R, Siegel L M, Getzoff E D. Sulfite reductase structure at 1.6 Å: Evolution and catalysis for reduction of inorganic anions [J]. Science, 1995, 270 (5233): 59-67.

[55] Crane B R, Siegel L M, Getzoff E D. Probing the catalytic mechanism of sulfite reductase by X-ray crystallography: Structures of the *Escherichia coli* hemoprotein in complex with substrates, inhibitors, intermediates, and products [J]. Biochemistry, 1997, 36 (40): 12120-12137.

[56] Mirts E N, Petrik I D, Lu Y, et al. A designed heme-[4Fe-4S] metalloenzyme catalyzes sulfite reduction like the native enzyme [J]. Science, 2018, 361 (6407): 1098-1101.

[57] Sano Y, Onoda A, Hayashi T. A hydrogenase model system based on the sequence of cytochrome c: photochemical hydrogen evolution in aqueous media [J]. Chem Commun, 2011, 47 (29): 8229-8231.

[58] Onoda A, Kihara Y, Hayashi T, et al. Photoinduced hydrogen evolution catalyzed by a synthetic diiron dithiolate complex embedded within a protein matrix [J]. ACS Catal, 2014, 4 (8): 2645-2648.

[59] Waser V, Mukherjee M, Ward T R, et al. An artificial [Fe_4S_4]-containing metalloenzyme for the reduction of CO_2 to hydrocarbons [J]. J Am Chem Soc, 2023, 145 (27): 14823-14830.

第 3 章

含钴（Co）人工金属酶设计及应用

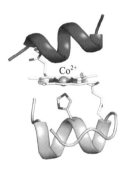

27　[Ar]3d^{7}4s^2

钴Co

Cobalt

58.933

本章目录

3.1　含钴天然酶简介

3.2　人工甲基转移酶

3.3　人工 Co- 氢化酶

3.4　含 Co 的人工 CO_2 还原酶

3.5　人工 Co- 氧化酶

3.6　小结

参考文献

3.1 含钴天然酶简介

维生素 B_{12}（vitamin B_{12}）是生物体中重要的含钴的配合物，化学结构及其衍生物如图 3.1 所示。它的大环配体为咕啉环（corrin），第五个配体为二甲基苯并咪唑核苷酸（也称为钴胺素，cobalamins），当第六个配体 R 为 CN^-、H_2O、—CH_3 以及腺苷（Ado）等时，分别称为氰钴胺素（cyancobalamin）、水合钴胺素（aquocobalamin）、甲基钴胺素（methylcobalamin）和腺苷钴胺素（Ado-B_{12}，又称辅酶 B_{12}）[1]。其中，甲基钴胺素和腺苷钴胺素都含有金属有机键（Co—C），属于天然金属有机化合物。

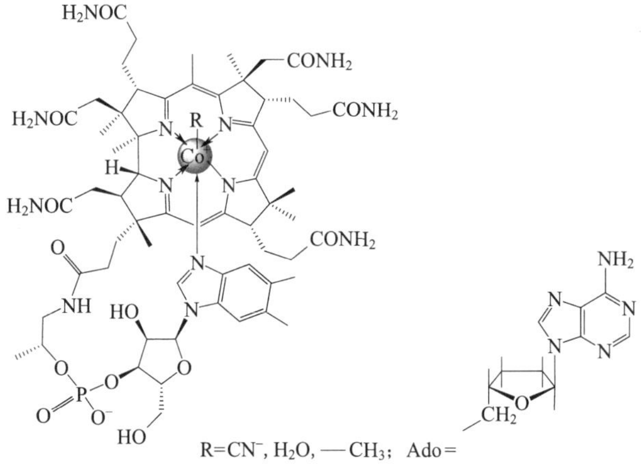

图 3.1 维生素 B_{12} 化学结构及其衍生物

由于金属钴具有多种氧化态（Co^{3+}、Co^{2+} 或 Co^+），钴胺素在生物体内具有氧化还原功能。它主要作为甲硫氨酸合成酶（methionine synthase，图 3.2[2]）的辅酶，催化甲基转移反应，将高半胱氨酸（homocysteine）甲基化，生成甲硫氨酸（methionine）[反应（1）]；同时，也可以作为某些异构酶（如甲基丙二酸单酰辅酶 A 变位酶，methylmalonyl CoA mutase）的辅酶，催化分子内重排反应[反应（2）]等[3]。

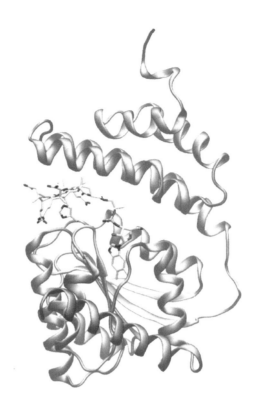

图 3.2　甲硫氨酸合成酶的钴胺素结合域的晶体结构（PDB 编码 1BMT）

$$\text{H—S} \overset{\text{NH}_2}{\underset{}{\text{COOH}}} \longrightarrow \text{H}_3\text{C—S} \overset{\text{NH}_2}{\underset{}{\text{COOH}}} \quad \text{反应(1)}$$

　　　高半胱氨酸　　　　　　　　甲硫氨酸

$$\text{H}_3\text{C—HC} \overset{\text{O}}{\underset{\text{COOH}}{\text{—SCoA}}} \longrightarrow \text{H}_2\text{C} \overset{\text{O}}{\underset{\text{COOH}}{\overset{\text{H}_2}{\text{—SCoA}}}} \quad \text{反应(2)}$$

　　　甲基丙二酰CoA　　　　　　　琥珀酰CoA

此外，甲硫氨酸氨肽酶（methionine aminopeptidase）是一种非钴胺素类结合蛋白。它具有双金属 Co^{2+} 活性中心，由天冬氨酸 Asp、谷氨酸 Glu 和组氨酸 His 等氨基酸配位，形成类似八面体构型（图 3.3[4]）。该金属酶能够催化去除蛋白质 N- 末端 Met 残基，在蛋白质功能调控和细胞内定位等方面发挥重要的作用。

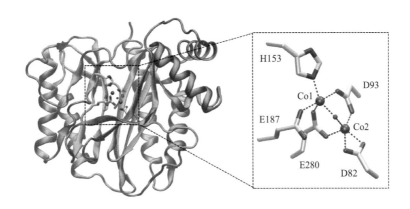

图 3.3 甲硫氨酸氨肽酶的晶体结构（PDB 编码 1XGS）及其活性中心配位结构

3.2 人工甲基转移酶

甲硫氨酸合成酶具有独特的甲基转移催化功能，但其复杂的结构（包含四个结构域）限制了对其催化机理的深入研究[3]。例如，目前尚无直接的研究证据表明在催化过程中可能形成 Co^+ 配合物。然而，钴胺素独特的甲基转移酶催化功能促使研究者设计和构建了人工甲基转移酶，用于探究天然酶的结构与功能关系，并开发新的催化反应等。

鉴于咕啉环和血红素卟啉环的类似性，研究者开发了对天然蛋白进行辅基替换的方法。例如，Hayashi 等[5]合成了一种钴配合物 Co^{II}（TDHC）（Co-tetradehydrocorrin），该配合物既具有咕啉环结构，又具有与血红素侧链类似的基团（图 3.4），因此方便与血红素蛋白进行体外重组，从而用于研究钴胺素的催化性能。将该配合物与脱辅基肌红蛋白（Apo-Mb）进行重组后，通过 X 射线（X-ray）晶体结构解析发现，当 Co^{2+} 被还原为 Co^+ 时，Co—His93 配位键会断裂，形成四配位 Co^{I}（TDHC）。后者会与 CH_3I 反应，形成甲基配合物 CH_3—Co^{III}（TDHC），进而发生蛋白分子内甲基转移反应，使位于辅基上方 His64 的 Nε2 原子发生甲基化。实验结果显示，室温 48h 后甲基化程度大于 90%。

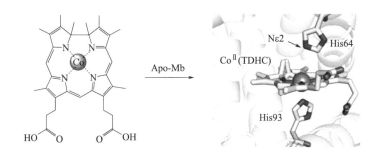

图 3.4　配合物 Co^Ⅱ（TDHC）的化学结构及其与 Apo-Mb 重组后的晶体结构（PDB 编码 3WFT）

进一步研究[6]发现，使用铁氰化钾（$K_3[Fe(CN)_6]$）作为氧化剂，Co^Ⅱ（TDHC）-Mb 会被氧化成 Co^Ⅲ（TDHC）-Mb。此时，水分子会配位到 Co^Ⅲ（TDHC），称为 Co^Ⅲ（H_2O）（TDHC）-Mb；使用 KCN 进行配体交换，可以形成 Co^Ⅲ（CN）（TDHC）-Mb。然而，核磁和红外光谱等实验揭示，Co^Ⅲ（CN）（TDHC）-Mb 中 CN^- 的配位作用相比于氰钴胺素要弱一些。另一方面，相比于水的配位作用，CN^- 的配位会减弱 Co—N（His93）配位键，使其键长有所增加（后者 2.13Å，前者 2.09Å）。由此可见，这一人工甲基转移酶为研究结构复杂的天然甲硫氨酸合成酶提供了理想的蛋白模型，也有助于研究其他钴胺素相关蛋白酶的结构与功能关系。

3.3　人工 Co-氢化酶

金属铁和镍在天然氢化酶中发挥重要的作用。因此，很多人工氢化酶的设计都是利用铁（第 2 章）或镍（第 4 章）作为活性中心。此外，金属钴配合物具有多种催化功能，有多种人工氢化酶的设计利用了金属钴配合物。其中，利用较多的钴配合物就是钴卟啉 CoP［图 3.5（a）］。例如，Ghrilanda 等[7]选择肌红蛋白［图 3.5（d）］作为蛋白质骨架，将 CoP 重组到脱辅基 Apo-Mb 分子中。电化学实验显示，所构建的 CoP-Mb 在水溶液条件下表现出明显的质子（H^+）还原催化电流信号；在光化学条件下（1mmol·L^{-1} 三联吡啶钌配合物[Ru(bpy)$_3$]$^{2+}$，pH=7）能够产生 H$_2$，12h 的 TON 值为 518。其中，重组的突变体蛋白 CoP-H97A Mb 在 pH=6.5 时，TON 降低为 120，与游离的 CoP 辅基类似，说明辅基附近的 His97 对于稳定 CoP 的结合以及维持 CoP-Mb 催化功能至关重要。

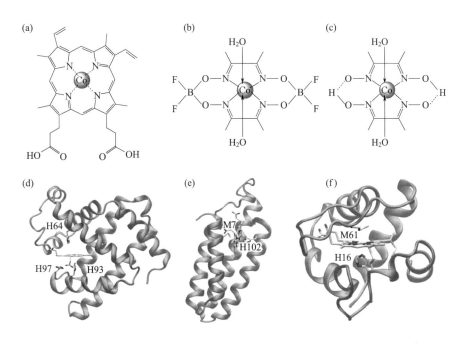

图 3.5　钴配合物及用于人工 Co- 氢化酶设计的天然蛋白质骨架

（a）钴卟啉的化学结构；（b）Co(dmgBF$_2$)$_2$ 的化学结构；（c）Co(dmgH)$_2$ 的化学结构；（d）Mb 的晶体结构（PDB 编码 1JP6）；（e）Cyt b_{562} 的晶体结构（PDB 编码 256B）；（f）Cyt c_{552} 的晶体结构（PDB 编码 1YNR）

Crespilho 等[8]研究发现，用维生素 B$_{12}$ 与脱辅基 Apo-Mb 进行重组后，再用杂多糖（heteropolysaccharide）对其进行包裹，形成保护性外壳，可提高其耐酸性，在 pH=1 的电解质溶液中仍可防止蛋白变性。而且，在 O$_2$ 存在时催化产 H$_2$ 的 TOF 值最高可达 2400s^{-1}。

利用其他钴配合物与 Apo-Mb 重组也可以构建人工氢化酶。例如，Artero 等[9]合成了两种钴配合物 Co(dmgBF$_2$)$_2$(H$_2$O)$_2$[图 3.5（b）]和 Co(dmgH)$_2$

（H_2O）$_2$（$dmgH_2$=dimethylglyoxime）[图3.5（c）]，将其分别与Apo-Mb重组，也可获得具有一定催化活性的人工氢化酶（5min TON 分别为3.8和3），反应条件为20当量[Ru（bpy）$_3$]$^{2+}$，pH=6.5。最近，Glover等[10]从头设计了带有3-甲基吡啶（3-MePy）修饰半胱氨酸的三股α螺旋蛋白（3-MePy-α$_3$-C），将钴配合物Co（dmgH）$_2$Cl$_2$与其重组，表现出氢化酶催化活性，TON约是配合物钴胺肟（cobaloxime）的80%，产H_2速率约为钴胺肟的40%。

Ghirlanda等[11]选择电子传递蛋白细胞色素b_{562}[cytochrome b_{562}, Cyt b_{562}，图3.5（e）]作为蛋白质骨架，使用类似的方法构建了CoP-Cyt b_{562}。由于血红素轴向配体Met7和His102的配位作用，CoP-Cyt b_{562}催化质子还原的活性并不高（TON=125）。通过将配体Met7突变成非配位氨基酸Ala或酸性氨基酸Asp/Glu，可以使TON增加2.5倍左右（CoP-M7A Cyt b_{562}，TON=305；CoP-M7D Cyt b_{562}，TON=275；CoP-M7E Cyt b_{562}，TON=200；1 mmol·L^{-1}[Ru（bpy）$_3$]$^{2+}$、8h）。由此可见，金属中心Co的配位状态可以调控蛋白的催化功能。

Bren等[12]选择具有热稳定性的细胞色素c[Ht-Cyt c，图3.5（f）]，在酸性（pH=5.5）和高温（75℃）条件下，用Co^{2+}替换Fe^{3+}，获得Co-Ht Cyt c蛋白。同时，为了构建开放催化位点，血红素轴向的Met61定点突变为Ala。实验结果显示，所构建的蛋白Co-Ht-M61A Cyt c具有高催化活性（TON>270000），而且24h后仍有催化活性。Bren等[13]还设计了一些其他人工氢化酶，包括Co模型化合物（如Co-Gly-Gly-His配合物，称为Co-ATCUN、2.5h，TON=275，pH=8）和Co-微过氧化物酶11[Co-microperoxidase-11, EVTHCQACKQV，称为Co-MP11[14]，5h，TON = 25000，图3.6（a）]。与Co-Ht-M61A Cyt c相比，这些人工氢化酶具有一些劣势，如肽链易揉动过度、催化中心暴露于溶剂、易发生降解等。

Lombardi和Bren等[15]合作，基于人工设计的微蛋白（micro-protein），通过共价结合Co-卟啉，维持了蛋白的稳定性。所构建的人工微蛋白酶Co-MC6*a[图3.6（b）]能在接近中性水溶液条件下（pH=6.5）催化质子还原，其过电位为 680mV，优于 Co-*Ht*-M61A Cyt *c*（830mV）。通过添加 2, 2, 2- 三氟乙醇（2, 2, 2-trfifluoroenthanol, TFE）作为助溶剂，可帮助蛋白多肽进行折叠，进一步降低其过电位（520mV），其 TON 可超过 230000，而且不受溶液中 O_2 的影响。进一步研究[16]发现，使用 [Ru(bpy)$_3$]$^{2+}$ 作为光敏剂，抗坏血酸作为电子供体，可以构建光催化体系。在中性条件（pH=7）时，TON 可达到 10000，因此是理想的小型人工氢化酶催化体系。

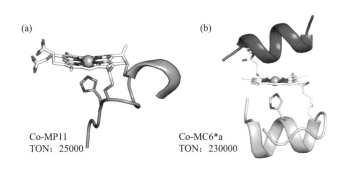

图 3.6　具有共价结合钴卟啉的人工金属酶分子设计

（a）Co- 微过氧化物酶 11 结构示意图；（b）共价结合 Co- 卟啉的微蛋白酶 Co-MC6*a 结构示意图

在人工氢化酶设计中，构建光催化体系备受青睐。通常会在催化体系中加入光敏剂，如 [Ru(bpy)$_3$]$^{2+}$，以及电子供体，如抗坏血酸钠（NaAsc）等。为了提高催化效率，将多功能部件整合到一个蛋白分子体系中是一种有效的人工金属酶设计方法。例如，Utschig 等[17-18]采用该方法设计了数种人工氢化酶，即通过将 Co 配合物 Co(dmgBF$_2$)$_2$ 或 Co(dmgH)$_2$ [图 3.5（b）和（c）] 以及光敏剂 [Ru(4-CH$_2$Br-4′-CH$_3$-2, 2′-bpy)(bpy)$_2$]$^{2+}$ [图 3.7（a）]，分别整合到电子传递蛋白铁氧还蛋白（ferredoxin, Fd）或黄素氧还蛋白（flavodoxin, Fld）分子中。研究发现，当光敏活性中心与催化中心距离小于 10.2Å 时 [在基于 Fld 分子构建的人工金属 Ru-ApoFld-CoBF$_2$ 酶中，图 3.7（b）]，电子可以直接传递（6h, TON=85±35）。而当两者的距离大于 16.3Å 时 [在基于 Fd 分子构建的人工金属酶 Ru-Fd-CoBF$_2$ 中，图 3.7（c）]，需要该蛋白分子中的铁硫

簇 [Fe$_2$S$_2$] 接收光敏剂产生的电子，并传递给金属 Co 催化中心，从而有效提高催化效率（6h, TON=210±60）。由此可见，将多功能中心有效整合至合适的蛋白质骨架可以构建高效的光敏人工氢化酶。

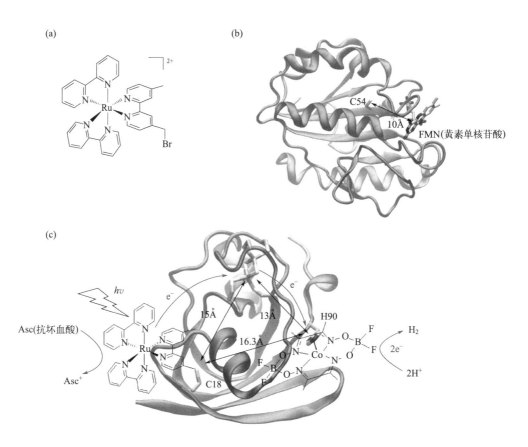

图 3.7　光催化体系人工 Co- 氢化酶分子设计

（a）光敏剂 [Ru（4-CH$_2$Br-4′-CH$_3$-2, 2′-bpy）（bpy）$_2$]$^{2+}$ 的化学结构；（b）黄素氧还蛋白 Fld 晶体结构（PDB 编码 1CLZ）；（c）铁氧还蛋白晶体结构（PDB 编码 1A70）及人工金属酶 Ru-Fd-CoBF$_2$ 光催化产 H$_2$ 示意图

3.4　含 Co 的人工 CO$_2$ 还原酶

二氧化碳 CO$_2$ 是主要的"温室气体"，将其转变为可利用的化学原料是维持碳中和的重要举措。为此，开发了很多化学催化剂用于 CO$_2$ 的还原，虽

然转化速率（turnover frequencies, TOF）可以很高，但很难高选择性地还原至 CO。相反，天然生物酶催化可以高效还原 CO_2。例如，天然含镍一氧化碳脱氢酶（nickel CO dehydrogenase, Ni-CODH）的 TOF 达 $12s^{-1}$，可 100% 选择性还原至 CO[19]。此外，还有一些含铁硫簇的金属酶可以选择性地将 CO_2 还原至一些烃如 CH_4、C_2H_4 和 C_2H_6 等[20]。然而，这些天然酶结构复杂，其催化机制也有待进一步深入研究。自然碳循环过程中关键的生物酶见知识框 3.1。

知识框 3.1：

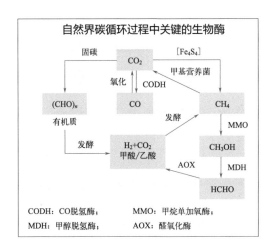

2021 年，Ghirlanda 等[21] 使用钴卟啉 CoP 替换了 Cyt b_{562} 中的血红素辅基，所构建的人工金属酶 CoP-Cyt b_{562} 在光催化条件下（$1mmol·L^{-1}$ [Ru(bpy)$_3$]$^{2+}$ 作为光敏剂、$100mmol·L^{-1}$ 抗坏血酸作为电子供体，pH=6～7），既表现出氢化酶催化活性（生成 H_2 的 TON 为 130～180），又表现出 CO_2 还原催化活性（生成 CO 的 TON 约为 35）。其中，CoP 的轴向配体会在一定程度上影响蛋白的催化作用，如 H102A 突变会提高氢化酶的催化活性（提高约 24%），而对 CO_2 还原的催化活性几乎没有影响。

为了更好地研究金属酶催化 CO_2 还原的结构与功能关系，2023 年，Lu 等[22] 肌红蛋白 Mb 作为蛋白质骨架，使用类似的方法，制备了 CoP-Mb。

在反应体系中分别加入 $[Ru(bpy)_3]^{2+}$ 作为光敏剂以及抗坏血酸作为电子供体,构建了光催化人工 CO_2 还原酶催化体系(图 3.8)。研究发现,pH=7 时,使用 $0.1\mu mol \cdot L^{-1}$ CoP-Mb,光照 2h,TON 可达 1900 ± 100,但生成 CO 的选择率(Sel_{CO})只有约 14%;升高酶浓度($2\mu mol \cdot L^{-1}$)可提升选择率(约 74%)。而且,pH 条件对生成 CO 的 TON 和选择率有相反的影响。如降低 pH 值,可提高 TON 但会降低 Sel_{CO};提高 pH 值,可提升 Sel_{CO} 但降低 TON。

进一步研究发现,在钴卟啉辅基的活性中心,引入带正电的氨基酸,如在 Leu29 或 Val68 位引入赖氨酸 Lys 或精氨酸 Arg,可以一定程度提升 TON 值,但对 Sel_{CO} 影响不大。例如,$2\mu mol \cdot L^{-1}$ WT CoP-Mb 光照 2h,TON=280 ± 20、Sel_{CO} 约为 74%;而 $2\mu mol \cdot L^{-1}$ L29R CoP-Mb 在同样条件下,TON=530 ± 20、Sel_{CO} 约为 78%。虽然提升的幅度不大(接近 2 倍),但足以说明钴卟啉周围的微环境对 CO_2 的还原有很大的影响。因此,基于 CoP-Mb 具有更高催化效率的人工 CO_2 还原酶光催化体系值得进一步优化和深入研究。例如,能否构建具有共价结合的光敏剂从而更有利于电子传递,以及利用其他 Co 配合物作为催化中心等。

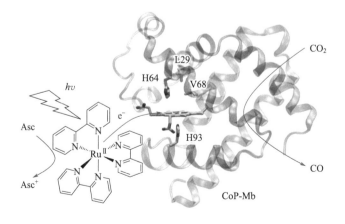

图 3.8 基于 Mb 设计的人工 CO_2 还原酶 CoP-Mb 光催化还原 CO_2 生成 CO 示意图

3.5 人工 Co- 氧化酶

金属钴配合物具有多种催化功能，将其与不同的蛋白质骨架进行重组，可以构建具有不同功能的人工金属酶。除上述催化功能外，可以通过非共价键或共价键方法构建其他类型的含钴人工金属酶，如氧化酶等，可以氧化不同的有机底物等。

3.5.1 非共价键方法

最常见的非共价键方法是利用蛋白的疏水空腔，容纳金属钴的配合物。例如，边贺东和梁宏等[23]将一种 Co（Ⅱ）-Salen 配合物重组到牛血清白蛋白（bovine serum albumin，BSA）分子中，所构建的人工金属酶 Co（Ⅱ）-Salen-BSA 在不同氧化剂（如 H_2O_2 等）条件下，可以催化不同的硫醚分子发生不对称氧化反应（图 3.9）。最高转化率为 98% ～ 100%（苯甲硫醚、对甲氧基 - 苯甲硫醚和正辛基甲基硫醚等），多数氧化底物为 R 构型，对映体过量值最高为 85% ～ 87%（2- 氯 - 苯甲硫醚和 3- 溴 - 苯甲硫醚）。

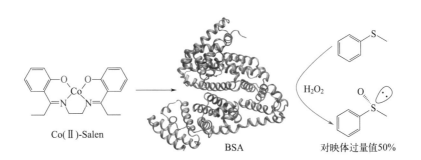

图 3.9　金属配合物 Co（Ⅱ）-Salen 与牛血清白蛋白 BSA 的重组以及重组后在 H_2O_2 条件下催化苯硫醚不对称氧化示意图

上述研究案例中，金属钴配合物与蛋白之间的结合属于非特异性结合，稳定性不高。因此，选择特异性结合的蛋白体系更有助于构建人工金属酶。Ward 等[24]选择生物素 - 链霉亲和素（biotin-streptavidin）体系，利用四氨基大环配体（tetra amido macrocyclic ligand，TAML）合成钴配合物，并与生物素偶联[Biot-Co（TAML）]。将偶联配合物与野生型链霉亲和素（WT Sav）进行重组，获得人工 Co- 氧化酶。在亚碘酰苯（PhIO）作为氧化剂条件下，该人工酶可以催化异丙烯苯的环氧化反应，产物构型为 R 构型（对映体过量值为 10%～20%）（图 3.10）。将活性中心 S112 突变成 Met，可以提高其 R 构型含量（对映体过量值为 32%）；相反，将 S112 突变成 Tyr 后，则可生成 S 构型产物（对映体过量值为 22%）；而且，在 S112M 或 S112Y 突变基础上，引入 S112R 或 K121R 突变后，可提高催化反应的总转换数（TTON，约为 50～55）或产物的对映体过量值（35%～45%）。其中，双突变体 S112/K121R 催化产物 R 构型含量最高（对映体过量值为 45%）。由此可见，活性中心周围的氨基酸（氢键、疏水性以及电荷等），对调控反应的进行以及产物的构型至关重要。

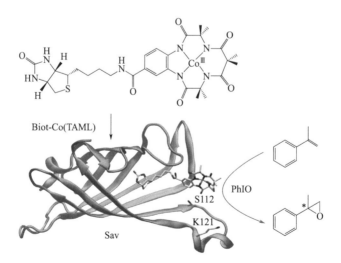

图 3.10　生物素 - 钴配合物 Biot-Co（TAML）与链霉亲和素 Sav 重组（PDB 编码 8CRP）及其在 PhIO 条件下催化异丙烯苯环氧化反应示意图

此外，直接利用钴配合物（CoPP）构建人工氧化酶也是值得提倡的方法。例如，李正强和王磊等[25-26]利用钴卟啉替换透明颤菌血红蛋白（*Vitreoscilla* hemoglobin，VHb）中血红素辅基，结合定点突变，构建了一系列 CoPP-VHb 人工金属酶，可以利用 O_2 作为氧化剂，具有硫脲氧化酶（thiourea oxidase，ATOase）催化活性等，可以用来合成杂环类化合物，如苯并噁唑、苯并噻唑以及 1, 2, 4- 噻二唑等（图 3.11），因此具有一定的应用前景。

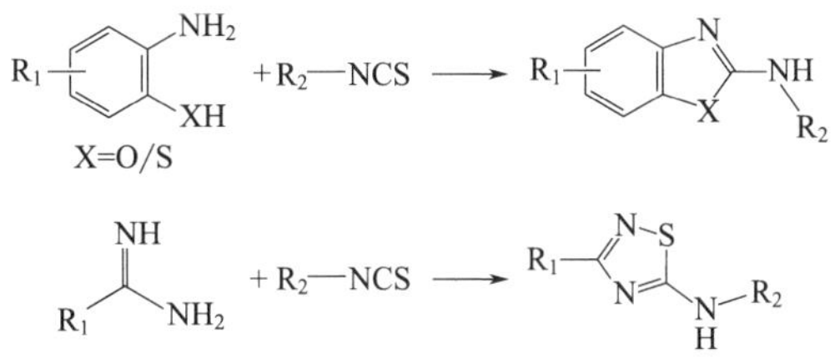

图 3.11　人工金属酶 CoPP-VH 催化合成杂环类化合物

3.5.2　共价键方法

有关共价键方法构建人工金属酶，最常见的是利用蛋白中具有高反应性能的半胱氨酸 Cys，共价结合金属配合物。例如，Okuda 等[27]使用含四个 N 原子的大环配体（Me₃TACD=*N*, *N*′, *N*″-trimethyl-1, 4, 7, 10-tetraazacyclododecane），合成了一种钴配合物 Co-Me₃TACD，其中一个 N 原子连接反应基团 4- 马来酰亚胺基。同时，选择一种 NO 结合蛋白（nitrobindin，NB）作为蛋白分子骨架。NB 是一种刚性 β- 桶状血红素结合蛋白，具有一个大的疏水腔，其血红素中心在体内执行 NO 运输功能[28]。去除血红素辅基后，脱辅基蛋白 Apo-NB 蛋白仍保持其独特的结构，通过在其空腔内引入一个 Cys（Q96C 定点突变），从而共价键合钴配合物 Co-Me₃TACD（图 3.12）。研究表明：该人工金属酶在过氧单磺酸钾（oxone，

$2KHSO_5 \cdot KHSO_4 \cdot K_2SO_4$）作为氧化剂时，可以选择性氧化乙苯，生成苯乙酮（K）与苯乙醇（A）的比值可达22∶1（pH=8.0），而单独配体催化的产物比值约为12∶1。

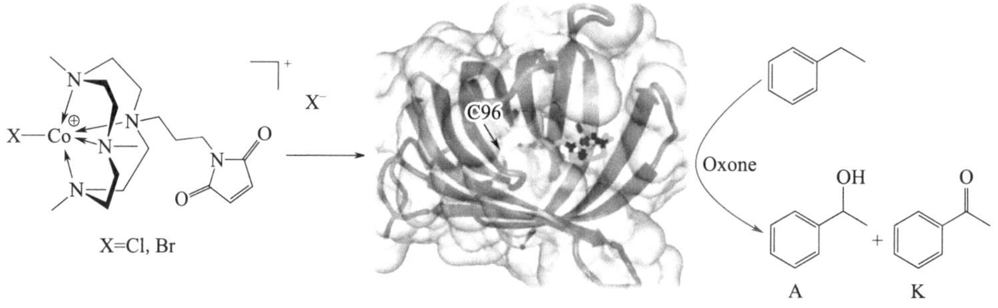

图3.12　钴配合物 Co-Me$_3$TACD 与脱辅基 NO 结合蛋白 Q96C NB 共价键合及其催化乙苯氧化示意图

3.6　小结

尽管含钴天然酶的种类相对较少（主要以钴胺素形式作为辅基发挥功能），但由于钴配合物具有多种氧化还原功能，含钴人工金属酶的设计已经有很多研究案例。本章主要根据不同的催化功能进行了分类和讨论，特别是关于光催化体系的构建和发展，涉及一些重要的基础反应，如氢化和 CO_2 的还原等。因此，在能源再生、环境保护和碳中和等相关领域，含钴人工金属酶具有一定的应用前景。此外，通过非共价键合或共价键合方法结合含钴配合物，进而利用蛋白质骨架构成的微环境，可以调控钴配合物催化有机底物的立体选择性。因此，在有机化学合成，特别是不对称有机合成领域，含钴人工金属酶具有独特的优势和应用前景。

参考文献

[1] Marques H M. The inorganic chemistry of the cobalt corrinoids – an update [J]. J Inorg Biochem, 2023, 242: 112154.

[2] Drennan C L, Huang S, Drummond J T, et al. How a protein binds B_{12}: A 3.0 Å X-ray structure of B_{12}-binding domains of methionine synthase [J]. Science, 1994, 266 (5191): 1669-1674.

[3] Ludwig M L, Matthews R G. Stucture-based perspetives on B_{12}-dependent enzymes [J]. Annu Rev Biochem, 1997, 66 (1): 269-313.

[4] Tahirov T H, Oki H, Tsukihara T, et al. Crystal structure of methionine aminopeptidase from hyperthermophile, *Pyrococcus furiosus* [J]. J Mol Biol, 1998, 284 (1): 101-124.

[5] Hayashi T, Morita Y, Mizohata E, et al. Co(Ⅱ)/Co(Ⅰ) reduction-induced axial histidine-flipping in myoglobin reconstituted with a cobalt tetradehydrocorrin as a methionine synthase model [J]. Chem Commun (Camb), 2014, 50 (83): 12560-12563.

[6] Morita Y, Oohora K, Mizohata E, et al. Crystal structures and coordination behavior of aqua- and cyano-Co(Ⅲ) tetradehydrocorrins in the heme pocket of myoglobin [J]. Inorg Chem, 2016, 55 (3): 1287-1295.

[7] Sommer D J, Vaughn M D, Ghirlanda G. Protein secondary-shell interactions enhance the photoinduced hydrogen production of cobalt protoporphyrin Ⅸ [J]. Chem Commun, 2014, 50 (100): 15852-15855.

[8] Iost R M, Venkatkarthick R, Crespilho F N, et al. Hydrogen bioelectrogeneration with pH-resilient and oxygen-tolerant cobalt apoenzyme-saccharide [J]. Chem Commun, 2024, 60: 2509-2511.

[9] Bacchi M, Berggren G, Artero V, et al. Cobaloxime-based artificial hydrogenases [J]. Inorg Chem, 2014, 53 (15): 8071-8082.

[10] Berglund S, Bassy C, Kaya I, et al. Hydrogen production by a fully *de novo* enzyme [J]. Dalton Trans, 2024, 53 (31): 12905-12916.

[11] Sommer D J, Vaughn M D, Ghirlanda G, et al. Reengineering cyt b_{562} for hydrogen production: A facile route to artificial hydrogenases [J]. Biochim Biophys Acta, 2016, 1857 (5): 598-603.

[12] Kandemir B, Chakraborty S, Bren K L, et al. Semisynthetic and biomolecular hydrogen evolution catalysts [J]. Inorg Chem, 2016, 55 (2): 467-477.

[13] Kandemir B, Kubie L, Bren K L, et al. Hydrogen evolution from water under

aerobic conditions catalyzed by a cobalt ATCUN metallopeptide [J]. Inorg Chem, 2016, 55 (4): 1355-1357.

[14] Kleingardner J G, Kandemir B, Bren K L. Hydrogen evolution from neutral water under aerobic conditions catalyzed by cobalt microperoxidase-11 [J]. J Am Chem Soc, 2014, 136 (1): 4-7.

[15] Firpo V, Lombardi A, Bren K L, et al. Hydrogen evolution from water catalyzed by cobalt-mimochrome Ⅵ *a, a synthetic mini-protein [J]. Chem Sci, 2018, 9 (45): 8582-8589.

[16] Edwards E H, Le J M, Salamatian A A, et al. A cobalt mimochrome for photochemical hydrogen evolution from neutral water [J]. J Inorg Biochem, 2022, 230: 111753.

[17] Soltau S R, Utschig L M, Dahlberg P D, et al. Aqueous light driven hydrogen production by a Ru-ferredoxin-Co biohybrid [J]. Chem Commun, 2015, 51 (53): 10628-10631.

[18] Soltau S R, Dahlberg P D, Utschig L M, et al. Ru-protein-Co biohybrids designed for solar hydrogen production: Understanding electron transfer pathways related to photocatalytic function [J]. Chem Sci, 2016, 6 (7): 7068-7078.

[19] Jeoung J H, Dobbek H. Carbon dioxide activation at the Ni, Fe-cluster of anaerobic carbon monoxide dehydrogenase [J]. Science, 2007, 318 (5855): 1461-1464.

[20] Stiebritz M T, Hiller C J, Sickerman N S, et al. Ambient conversion of CO_2 to hydrocarbons by biogenic and synthetic [Fe_4S_4] clusters [J]. Nature Catalysis, 2018, 1 (6): 444-451.

[21] Alcala-Torano R, Halloran N, Ghirlanda G, et al. Light-driven CO_2 reduction by Co-cytochrome b_{562} [J]. Front Mol Biosci, 2021, 8: 609654.

[22] Deng Y, Dwaraknath S, Lu Y, et al. Engineering an oxygen-binding protein for photocatalytic CO_2 reductions in water [J]. Angew Chem Int Ed, 2023, 62 (20): e202215719.

[23] Tang J, Huang F, Liang H, et al. Bovine serum albumin-cobalt (Ⅱ) schiff base complex hybrid: An efficient artificial metalloenzyme for enantioselective sulfoxidation using hydrogen peroxide [J]. Dalton Trans, 2016, 45 (19): 8061-8072.

[24] Meeus E J, Igareta N V, Ward T R, et al. A Co (TAML)-based artificial metalloenzyme for asymmetric radical-type oxygen atom transfer catalysis [J]. Chem Commun, 2023, 59 (98): 14567-14570.

[25] Xu Y, Li Z Q, Wang L, et al. Environment-friendly and efficient synthesis

of 2-aminobenzo-xazoles and 2-aminobenzothiazoles catalyzed by *Vitreoscilla* hemoglobin incorporating a cobalt porphyrin cofactor [J]. Green Chem, 2021, 23 (20): 8047-8052.

[26] Xu Y, Li Z Q, Wang L, et al. Directed evolution of escherichia coli surface-displayed *Vitreoscilla* hemoglobin as an artificial metalloenzyme for the synthesis of 5-imino-1, 2, 4-thiadiazoles [J]. Chem Sci, 2024, 15 (20): 7742-7748.

[27] Wang D, Ingram A A, Okuda J, et al. Benzylic C (sp^3) -H bond oxidation with ketone selectivity by a Cobalt (Ⅳ) - oxo embedded in a β-barrel protein [J]. Chemistry, 2024, 30 (5): e202303066.

[28] De Simone G, Ascenzi P, Polticelli F. Nitrobindin: An ubiquitous family of all β-barrel heme-proteins [J]. IUBMB Life, 2016, 68 (6): 423-428.

第 4 章

含镍（Ni）人工金属酶设计及应用

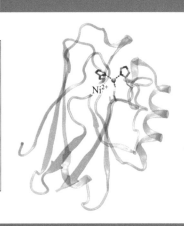

28　[Ar]3d^{8}4s^2

镍 Ni

Nickel
58.693

本章目录

- 4.1　含镍天然酶简介
- 4.2　人工 Ni- 超氧化物歧化酶
- 4.3　人工 Ni- 氢化酶
- 4.4　含 Ni 的人工 CO_2 还原酶
- 4.5　人工槲皮素氧化酶
- 4.6　人工甲基 - 辅酶 M 还原酶
- 4.7　其他镍 - 人工金属酶分子设计与应用
- 4.8　小结

参考文献

4.1 含镍天然酶简介

不同含镍的天然酶主要催化五种不同类型的生物反应，包括尿素的水解、氢的可逆氧化、CO 与 CO_2 的相互转化、甲烷的产生以及超氧化物的歧化反应等。代表性含镍天然酶主要有脲酶（urease）、镍铁氢化酶（[NiFe]-hydrogenase）、CO 脱氢酶（CO dehydrogenase，CODH）、乙二醛酶（glyoxylase）、顺式还原酮加双氧酶（aci-reductone dioxygenase，ARD）、镍超氧化物歧化酶（nickel-superoxide dismutase，Ni-SOD）等[1]。在这些生物酶中，金属镍中心可分为单核、双核或异核金属中心，倾向于形成较为稳定的八面体构型。例如，乙二醛酶、镍-SOD、脲酶和 [NiFe]-氢化酶的活性中心配位结构及其催化功能分别如图 4.1 所示。其中，乙二醛酶的镍中心由两个 His 和两个 Glu 以及两个水分子配位 [图 4.1（a）][2]；而镍-SOD 中，镍中心由一个 His 和两个 Cys 以及两个主链 N 原子进行配位 [图 4.1（b）]；脲酶具有双核镍中心，其中羧基化修饰的精氨酸 KCX217 和水分子作为桥联配体 [图 4.1（c）]；而 [NiFe]-氢化酶活性中心具有较为复杂镍铁双金属中心，四个 Cys 作为 Ni 的配体，其中两个桥联 Ni-Fe，其中 Fe 的其他配体分别为 CO 和两个 CN^- [图 4.1（d）]。

含镍的天然酶中除上述镍离子金属中心外，还有以镍配合物作为辅基的。目前发现的主要有辅基 F430 和镍叶绿素（tunichlorin）[图 4.2（a）]。两者的骨架分别与钴胺素和叶绿素类似，前者存在于甲基-辅酶 M 还原酶（methyl-coenzyme M reductase，MCR），分子中还结合有甲基-辅酶 M（CH_3S-CoM）和辅酶 B（HS-CoB）[图 4.2（b），PDB 编码 1MRO[3]]，催化甲烷的生成与甲烷的厌氧氧化 [图 4.2（c）][4]。后者存在于被囊生物中，在光合作用中氢化酶的镍簇催化中心分解后取代叶绿素的 Mg^{2+} 而产生，可称之为"镍离子回收站"[5]。

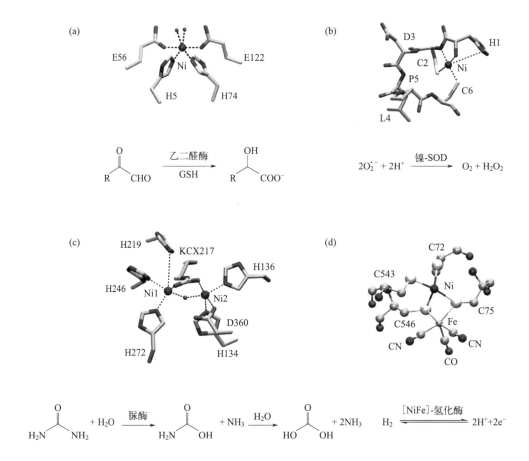

图 4.1 含镍天然酶活性中心结构与功能

（a）乙二醛酶（PDB 编码 1F9Z）；（b）镍 -SOD（PDB 编码 1T6U）；（c）脲酶（PDB 编码 1EJX）；
（d）[NiFe]- 氢化酶（PDB 编码 1YRQ）的活性中心配位结构及其催化反应示意图

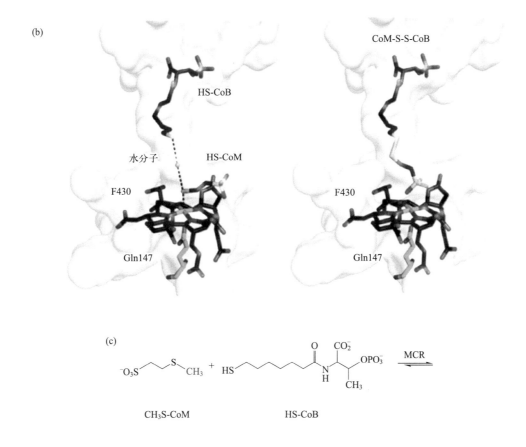

图 4.2 含镍配合物作为辅基的天然酶及其催化功能

(a) 辅基 F430 和镍叶绿素的化学结构；(b) 甲基-辅酶 M 还原酶 MCR 的活性中心分别与辅基（左）和产物（右）结合的晶体结构；(c) MCR 催化甲烷的生成反应示意图

4.2 人工 Ni-超氧化物歧化酶

4.2.1 Ni-SOD 模型化合物

超氧化物歧化酶（SOD）在生物体中发挥重要的作用，与活性氧（reactive

oxygen species,ROS)和活性氮(reactive nitrogen species,RNS)代谢相关(见知识框 4.1)。

知识框 4.1:

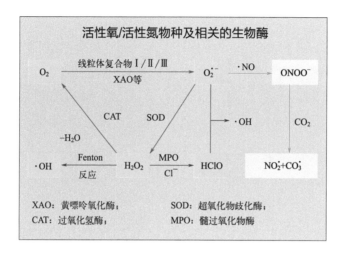

除常见的 Cu/Zn-SOD、Fe-SOD 和 Mn-SOD 外,Ni-SOD 也备受关注。受天然 Ni-SOD 配位结构 [图 4.1(b)] 的启发,研究者发现一些类似于 N-端铜结合区域(amino terminal Cu-binding motif,ATCUN)可以作为配体。例如,Phe-Ala-Cys-NH$_2$ [图 4.3(a)] 可以结合 Ni^{II}(称为 Ni-FAC),具有 SOD 催化活性 [k_{cat}=8.4×10^{5}L·(mol·s)$^{-1}$],可以作为 Ni-SOD 的模型化合物[6]。其中第一个或第二个氨基酸可用 His 或 Cys 替换,形成 Ni-HAC [k_{cat}=14×10^{5}L·(mol·s)$^{-1}$]、Ni-CAC [k_{cat} = 16×10^{5}L·(mol·s)$^{-1}$] 和 Ni-CHC [k_{cat} = 20×10^{5}L·(mol·s)$^{-1}$] 等,用于调控 Ni^{II} 周围的微环境,进而调控其催化活性[7]。此外,基于次氮基三乙酸(nitrilotriacetic acid,NTA)骨架富含巯基的伪肽配体 L^{3S},可以与 Ni^{II} 形成笼状配体 [Ni-L^{3S}(OH$_2$)]$^-$ [图 4.3(b)],但是其 SOD 催化速率相对较低 [1.8×10^{5}L·(mol·s)$^{-1}$][8]。

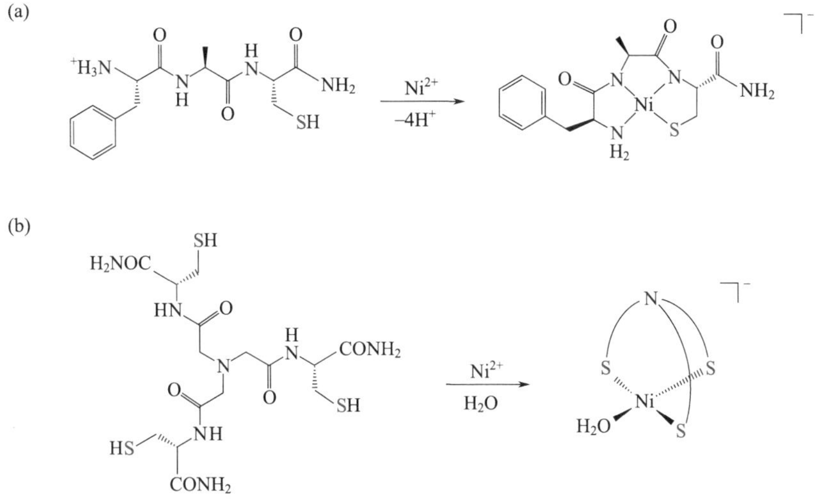

图 4.3 Ni-SOD 模型化合物

（a）ATCUN 类似三肽 FAC 与 Ni^{2+} 形成配合物 [Ni-FAC]⁻ 示意图；（b）NTA 衍生物配体 L^{3S} 与 Ni^{2+} 形成配合物 [Ni-L^{3S}(OH_2)]⁻ 示意图

4.2.2 Ni-SOD 人工金属酶

乙酰辅酶 A 合成酶（acetyl-coenzyme A synthase，ACS）是一种含镍金属酶[9]，其金属镍中心（Ni_p 和 Ni_d）具有与 Ni-SOD 具有类似的 [N_2S_2] 配位结构，但没有 SOD 催化活性。谭相石等[10-11]基于截断的乙酰辅酶 A 合成酶 ACS-α_{15}，通过蛋白质工程，对其 Ni_d 位点的微环境进行调控，同时结合计算机分子模拟，设计了数种具有 SOD 催化活性的人工金属酶（图 4.4）。例如，通过将其 N-端的 Ser594 改变为 His，或在其间插入两个氨基酸 GP，均可能使 His594 形成金属 Ni 中心的轴向配体，两种突变体蛋白均有 SOD 催化活性，但只有天然 Ni-SOD 的十分之一。另一方面，若将其 C-端的 Phe598 改变为 His，也可形成金属 Ni 中心的轴向配体，具有类似的催化活性。基于 F598H 蛋白，进一步在其 N-端引入三个氨基酸 YGP 或 EFG 可以改变其催化活性。YGP 的引入会降低其活性，而 EFG 的引入会提高其活性约 3 倍。由此可见，EFG-598H 可能具有与天然 Ni-SOD 更相似的活性中心微环境，特别是引入了酸性氨基酸 Glu，可能发挥与天然 Ni-SOD 中 Asp3 类似的功能 [图 4.1（b）]。人工 SOD 酶 EFG-598H

可能的催化机理如图4.5所示。

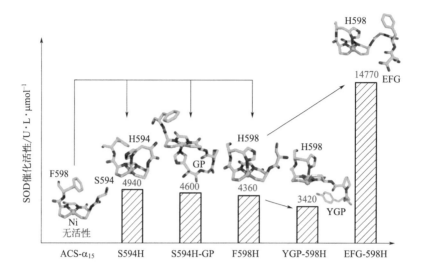

图 4.4　基于乙酰辅酶 A 合成酶 ACS-α_{15} 设计人工镍
超氧化物歧化酶（Ni-SOD）及其催化活性比较

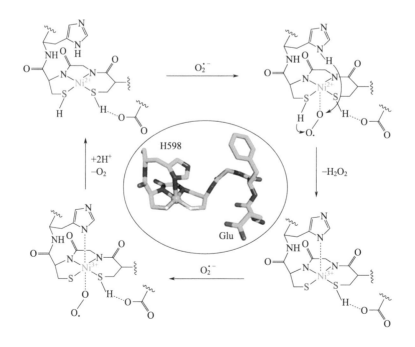

图 4.5　基于 ACS-α_{15} 设计的人工 Ni-SOD 酶（EFG-598H）可能的催化分子机制

4.3 人工 Ni-氢化酶

4.3.1 [NiFe]-氢化酶启发的分子设计

受自然界 [NiFe]-氢化酶双金属中心结构 [图 4.1（d）] 的启发，Jones 等[12]利用一种七肽（ACDLPCG）作为骨架，首先通过 Ni^{2+} 的配位，形成平面四边形 $[N_2S_2]$ 配位结构，进而与 $[Fe_3(CO)_{12}]$ 溶液反应（图 4.6），其中两个 Cys 的硫原子会桥联两个羰基铁，形成类似天然 [NiFe]-氢化酶活性中心结构，然而其氢化酶催化活性未见报道。

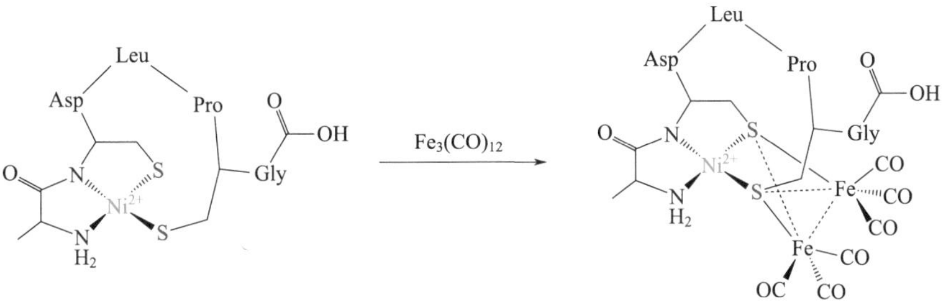

图 4.6　镍-七肽（ACDLPCG）配合物反应生成 [NiFe]-氢化酶模型化合物

通过改变天然金属蛋白的金属，如用金属离子替换或金属辅基替换等，是设计与构建人工氢化酶最直接的方法。1988 年，Moura 等[13]将电子传递功能红素氧还蛋白（rubredoxins，Rd）中的 Fe^{3+} 用 Ni^{2+} 进行替换，获得蛋白 Ni-Rd 具有四个 Cys 配位一个 Ni^{2+} 金属中心结构（图 4.7）。Ni-Rd 在甲基紫精（reduced methyl viologen，MV）存在条件下，具有催化产 H_2 能力，是文献报道最早的人工氢化酶。

2015 年，Shafaat 等[14]重新深入研究了 Ni-Rd 的催化性能，通过光催化和电化学等实验揭示：4℃时，Ni-Rd 催化产 H_2 的初始转化率 TOF 约为 $0.5min^{-1}$，其过电位约为 540mV。对金属 Ni 中心次级配位层发生变化的 Ni-Rd 突变体库的表征，结果表明，蛋白质动力学在调节活性中发挥着重要作用。研究不同物种 Ni-Rd 的催化活性发现，远端序列变异也会对催化活性产生一定的影响，特别是基于低温环境生物的 Rd 所构建的酶表现出更高的产 H_2 效率[15]。因此，从栖息于低温环境的生物中选择合适的蛋白质骨架，有望构建高效产 H_2 的人工氢化酶。

2017 年，Shafaat 等[16] 又基于 Ni-Rd 构建了可以通过光驱动的人工氢化酶催化体系（图 4.7），利用 Ni-Rd 蛋白中金属结合位点附近存在的 Cys31，或者在不同的位点（如 C31A/E17C、C31A/S38C 或 C31A/A45C）引入 Cys，进行共价连接一种光敏剂（Ru^{II}-联吡啶-菲咯啉配合物），所构建的人工金属酶称为 RuNi-Rd。其中，利用 Rd Cys31 所构建的 RuNi-Rd 中双金属中心距离最近（约为 9Å，其他 Cys 中距离为 11～15Å），从而有助于分子内电子转移，产 H_2 效率最高（45min 产 H_2 约为 110nmol，TOF 约为 $0.1min^{-1}$）。

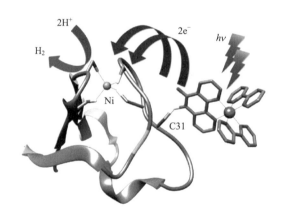

图 4.7　基于 Ni-Rd 设计的光催化人工氢化酶 RuNi-Rd 催化产氢示意图

受 [NiFe]-氢化酶中金属 Ni 中心配位结构的启发，Chackraborty 等[17] 通过从头设计卷曲螺旋（coiled coils），构建了具有 [NiS_4] 配位结构的人工氢化酶（图 4.8）。通过两个具有 CXXC 结构域的多肽分子的自组装，在 Ni^{2+} 存在下，会形成具有 [NiS_4] 中心的双股卷曲螺旋（称为 Ni-2SCC）。后者在光照条件下，具有产 H_2 活性，在 pH=5.6 时催化活性最大。光谱学实验进一步揭示，合适的酸性条件对催化活性至关重要，催化过程中会生成高含量的 Ni^I-多肽物种，以及可以使 Cys 的巯基（pK_a 约为 6.4）能够质子化中间体 Ni^{II}-H^-，从而产生 H_2。进一步优化多肽序列，可以形成四股卷曲螺旋（称为 4SCC），而且 Ni^{II} 结合会诱导形成二聚体和三聚体的混合物[18]。相对而言，Ni-4SCC 的产 H_2 催化活性要优于 Ni-2SCC。尽管两者的催化活性均很低，但这一研究至少说明从头设计方法可以用于构建与催化能量过程相关反应的人工金属酶。

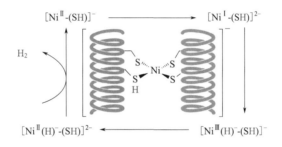

图 4.8　从头设计的人工氢化酶 Ni-2SCC 及其催化分子机制

4.3.2　基于金属蛋白的分子设计

富含硫的金属蛋白，如铜储存蛋白（copper storage protein，Csp1），可用于人工金属酶分子设计，使其成为镍结合蛋白［Ni-binding protein，NBP，图 4.9（a）］。Csp1 具有四股螺旋结构，分子中含有 13 个 Cys，能够结合和储存 13 个 Cu^I，为生物体中甲烷单加氧酶（methane monooxygenase，MMO）氧化甲烷反应过程提供 Cu^I。Chakraborty 等[19]将 Csp1 中 9 个 Cys 用 Ala、Val 或 Leu 进行替换，保留了其中最可能与 Ni^{II} 配位形成［NiS_4］金属中心的 4 个 Cys[26/62/87/113，图 4.9（b）]，并进一步结合分子模拟，优化四股螺旋之间的堆积，如用 Gln/Asn 替换其中的 His 等，构建了稳定的人工金属酶 Ni-NBP。在光化学催化条件下 [2μmol·L^{-1} 酶、100mmol·L^{-1} Asc 和 1mmol·L^{-1} Ru(bpy)$_3^{2+}$、pH=7、180mW LED 光源]，Ni-NBP 产 H_2 的转换数 TON 约为 115（2h 后），转换率 TOF 约为 1min^{-1}，优于其他人工氢化酶。使用蛋白质膜电化学（protein film electrochemistry，PFE）研究显示：在 pH=4～6 时，Ni-NBP 的过电位为 560～510mV。在 pH=5 时，-1V 电位下电解 1h，Ni-NBP 产 H_2 的转换数 TON 约为 210，法拉第效率高达 93%±5%。由此可见，通过蛋白质理性设计可赋予金属蛋白新的生物催化功能。

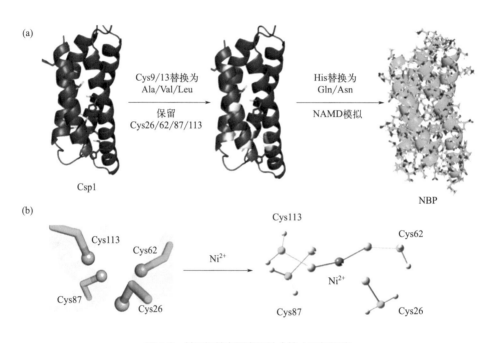

图 4.9　基于铜储存蛋白设计含镍人工氢化酶

（a）基于铜结合蛋白 CSp1 设计镍结合蛋白 NBP 示意图；（b）NBP 保留的四个 Cys 结合 Ni^{2+} 形成 [NiS$_4$] 金属中心的配位结构

4.4　含 Ni 的人工 CO_2 还原酶

正如在第 3 章第 3.4 节介绍，CO_2 还原酶可以充分利用碳资源，在维持"碳中和"举措中发挥重要的作用。除利用金属钴进行人工 CO_2 还原酶设计与构建外，金属镍也是很好的选择，因为天然含镍一氧化碳脱氢酶（Ni-CODH）可以100% 选择性还原 CO_2 至 CO [20]。

王江云等[21]使用一种含有二苯甲酮取代基的 Tyr 类似物 [BpA，图 4.10（a）] 改造绿色荧光蛋白的发色团，构建了一种光敏蛋白（photosensitizer protein，PSP，PDB 编码 5YR2）。后者保留了二苯甲酮优越的光敏特性，在受光激发后可形成三重态，和牺牲还原剂抗坏血酸 Asc 反应，生成高活性的自由基物种，进而能够催化下游的氧化还原反应。基于 PSP 蛋白质骨架，进一步在蛋白表面特定位点（如 95、151 和 155 位等）引入 Cys，共价连接一种能够通过电化学催化 CO_2 还原的三联吡啶镍配合物 [图 4.10（b）]。研究结果显示，所构建人工金属酶在光照条件下具有还原 CO_2 生成 CO 的催化活性（12h 后 TON 最高可达 175），其光量子产率为 2.6%，高于大部分已报道的 CO_2 光还原催化剂。由于该人工催化酶体系中无需使用重金属光敏剂如 $[Ru(bpy)_3]^{2+}$，因此具有独特的优势，有望用于不同领域，如太阳能转化、光催化生物学和生态环境修复等。

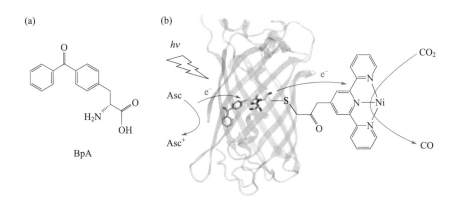

图 4.10　基于绿色荧光蛋白设计含镍人工 CO_2 还原酶

（a）含有二苯甲酮取代基的 Tyr 类似物 BpA 的化学结构；（b）基于绿色荧光蛋白设计的含 BpA 发色团和 Ni 配合物的人工金属酶催化 CO_2 还原示意图

4.5 人工槲皮素氧化酶

槲皮素氧化酶（quercetinase）是一种金属依赖的双加氧酶（dioxygenase），属于桶结构超家族蛋白（cupin superfamily）。一些真菌来源的槲皮素氧化酶结合有金属 Cu^{2+}，一种重组的链霉菌槲皮素氧化酶（QueD）能够结合 Ni^{2+} 以及其他二价金属离子（具有 3-His-1-Glu 配位结构），催化槲皮素氧化，其产物会进一步水解，产生酚类物质，如图 4.11 所示。尽管其他金属离子也能结合于 QueD，但 Ni-QueD 的催化活性（137U·mg^{-1}）远高于 Co-QueD（30U·mg^{-1}）、Mn-QueD（18U·mg^{-1}）和 Fe-QueD（8U·mg^{-1}）[22]。因此，野生型 QueD 的催化活性很可能是源于 Ni^{2+} 的结合。

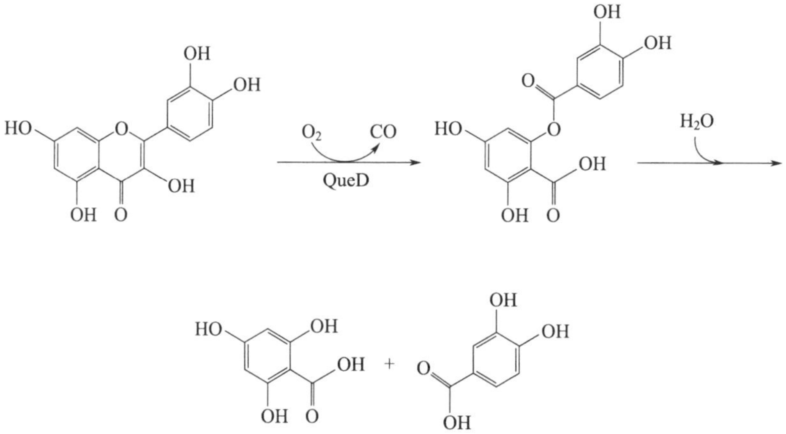

图 4.11　天然槲皮素氧化酶 QueD 催化槲皮素氧化反应及其产物水解示意图

Ghattas 和 Hess 等[23]基于一种桶状蛋白咪唑甘油磷酸合酶（imidazole glycerol phosphate synthase，HisFH），在其疏水空腔中构建了 2-His-1-Glu 金属配位中心［图 4.12（a），PDB 编码 7QC9］。晶体结构揭示：Ni^{2+} 结合时，His50、His52、Ser144 和 3 个水分子参与了配位，形成近似八面体的配位构型，而引入的 Glu11 并未参与配位。催化实验结果显示：所构建的人工金属酶能催化黄酮醇类化合物，包括槲皮素、杨梅黄酮（myricetin）、高良姜素（galangin）、二氢槲皮素（taxifolin）和木犀草素（luteolin）等［图 4.12（b）］，发生氧化断裂，表现出类似天然槲皮素氧化酶的催化活性，尽管远低于天然酶 QueD 的催化活性。

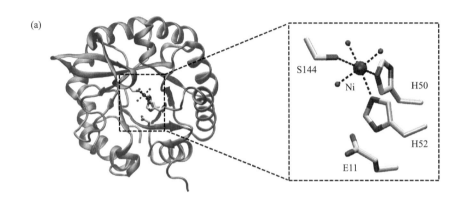

图 4.12　人工槲皮素氧化酶及其催化底物

（a）基于咪唑甘油磷酸合酶 HisFH 设计 Ni^{2+} 结合位点及其晶体结构；（b）黄酮醇类化合物杨梅黄酮、高良姜素、二氢槲皮素和木犀草素的化学结构式

4.6　人工甲基-辅酶 M 还原酶

甲基-辅酶 M 还原酶（MCR）具有复杂的二聚体结构，分子中结合有辅基 F430、甲基-辅酶 M 和辅酶 B［图 4.2（b）］。相对于其他血红素类金属蛋白和金属酶，MCR 结构与功能关系研究较少，为了探究其分子催化机制，研

者合成了多种 Ni 的配合物以及 Ni 取代的维生素 B_{12} 等，作为辅基 F430 的模型化合物进行研究。由于这些模型化合物不是真正意义上的人工金属酶，不作为本节的重点，读者可参阅相关的综述报道[24]。

Hayashi 等[25]基于 Mb 骨架，用 Ni-TDHC 配合物替换血红素辅基，构建了第一例 MCR 人工金属蛋白模型［图 4.13（a）］。Ni-TDHC 配合物的氧化还原电位（Ni^{I}/N^{II} 为 -0.34V），与蛋白重组后的电位为 -0.45V，均高于辅基 F430 的电位（-0.65V），从而有利于发生还原反应。研究显示，重组后的蛋白 Ni-TDHC-Mb 在有甲基供体（如碘甲烷 CH_3I、对甲苯磺酸甲酯和三甲基碘化锍等）存在条件下，可催化产生甲烷气体，没有其他气体如丙烷等产生。而单独的 Ni-TDHC 反应体系中几乎监测不到甲烷气体的产生，说明蛋白质骨架对支撑催化活性至关重要。进一步研究发现，Ni-TDHC-Mb 可以催化脱卤反应（dehalogenation），如苄基溴和 1-溴乙基苯，分别生成甲苯和乙苯[26]。其中，反应速率顺序为：一级苄基碳＞二级苄基碳＞三级苄基碳。然而，Ni-TDHC-Mb 并不能催化 CH_3S-CoM 产生甲烷气体。

Hayashi 等[27]进一步选择 Cyt b_{562} 作为蛋白质骨架，将 Ni-DDHC 配合物与其脱辅基蛋白重组，构建了人工金属蛋白 Ni-DDHC-Cyt b_{562}［图 4.13（b）］。Ni-DDHC 配合物较 Ni-TDHC 配合物具有更低的氧化还原电位（-0.41V），其中两个吡咯环加氢饱和后有利于提高反应活性。而且，电子传递蛋白 Cyt b_{562} 具有 6-配位结构（Met/His），其中轴向的 Met7 有利于研究分子内 C—S 键断裂产生 CH_4 气体。研究发现，在光催化条件下［$[Ru(bpy)_3]^{2+}$ 作为光敏剂、Asc 作为牺牲还原剂］，Ni-DDHC-Cyt b_{562} 可产生 CH_4 气体（气相色谱法），蛋白肽链会失去一个甲基基团（蛋白质质谱法）。在 Met7 附件引入半胱氨酸 Cys3（L3C 突变）后，可以进一步模拟天然 MCR 活性中心（CH_3S-CoM 和 HS-CoB）结构特征［图 4.2（b）左］，催化 CH_4 的产率可以提高 24%。由此可知，在金属镍配合物中心合适的位置分布 C—S 键和—SH 基团对于 CH_3—S 断裂产生 CH_4 至关重要。

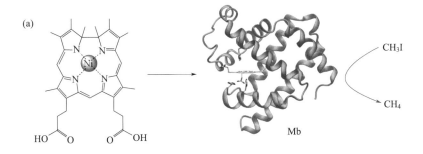

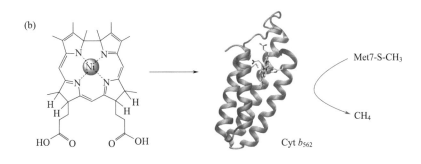

图 4.13 基于镍配合物设计人工甲基-辅酶 M 还原酶

（a）Ni-TDHC 与 Apo-Mb 重组；（b）Ni-DDHC 与 Apo-Cyt b_{562} 重组及其催化产生 CH_4 示意图

4.7 其他镍-人工金属酶分子设计与应用

金属镍及其配合物具有多种氧化还原酶催化功能，除上述章节介绍的催化反应外，新型的镍-人工金属酶也陆续被设计和构建，用来催化经典的化学反应，如 C—C、C—O 和 C—N 成键反应等。例如，受天然乙酰辅酶 A 合成酶 ACS 镍金属中心的启发，Shafaat 等[28]选择铜蛋白天青素（azurin，Az），用 Ni^{II} 进行金属离子替换，其轴向 Met121 用 Ala 替换，所构建人工金属酶 M121A Ni-Az [图 4.14（a），PDB 编码 2TSA]，能结合 C_1 底物（如 CO 和 CH_3I），催化形成新的 C—C 键，生成乙酸 [图 4.14（b），反应（1）]。而且，当在反应体系中加入硫醇，会选择性地（约 70%）生成硫酯 [图 4.14（b），反应（2）]，因此具有与天然 ACS 非常类似的催化功能。

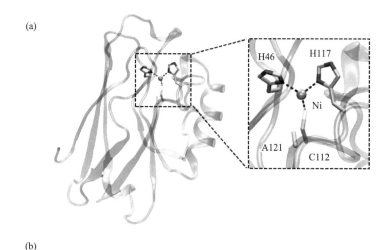

图 4.14 基于天青素设计的含镍人工金属酶及其催化功能

（a）天青素 M121A Az 晶体结构及金属离子 Ni^{2+} 结合配位示意图；（b）人工
金属酶 M121A Ni-Az 催化 C—C 键形成反应

为了构建高效利用光能和环境友好的光催化生物酶，Song 等[29]选择肌红蛋白 Mb 作为蛋白质骨架，通过马来酰亚胺与 Cys（45、48、50 或 126 位）共价结合，将金属铱 Ir- 配合物引入至血红素空腔；同时，在金属 Ir- 配合物附近引入非天然氨基酸联吡啶丙氨酸（bpy-Ala）（第 68、50、63、66 或 97 位），作为金属 Ni 的配体。所构建的不同人工金属酶在光照（456nm）条件下，能催化卤代苯乙酮等底物发生 C—X 键断裂，主要生成羟基苯乙酮（形成新的 C—O 键），其产率最高可达 96%（图 4.15）。由此可见，通过调控金属铱 Ir- 配合物与 bpy-Ala-Ni 配合物之间的相对距离及金属 Ni 中心周围的微环境，可以调控催化产物的选择性，降低副产物苯乙酮的含量。

值得强调的是，在上述研究之前，我国学者吴钰周及其合作者等[30]，就利用基于绿色荧光蛋白设计的人工光敏蛋白 PSP（图 4.10），通过结合马来酰亚胺的方法，将联吡啶配体（bpy）共价连接于 Cys95，构建了具有光催化功能的人工金属酶 PSP-95C-Ni^{II}（bpy）。该人工金属酶在光照（380nm）条件下，具有脱卤酶（dehalogenase）催化活性，可以催化卤代酚及其衍生物发生脱卤反应，产率最高可达 98%；此外，还可以催化卤代酚发生交叉偶联反应，形成新的 C—N 键（图 4.16）。因此，该人工光催化生物酶在有机合成领域具有一定的应用前景。

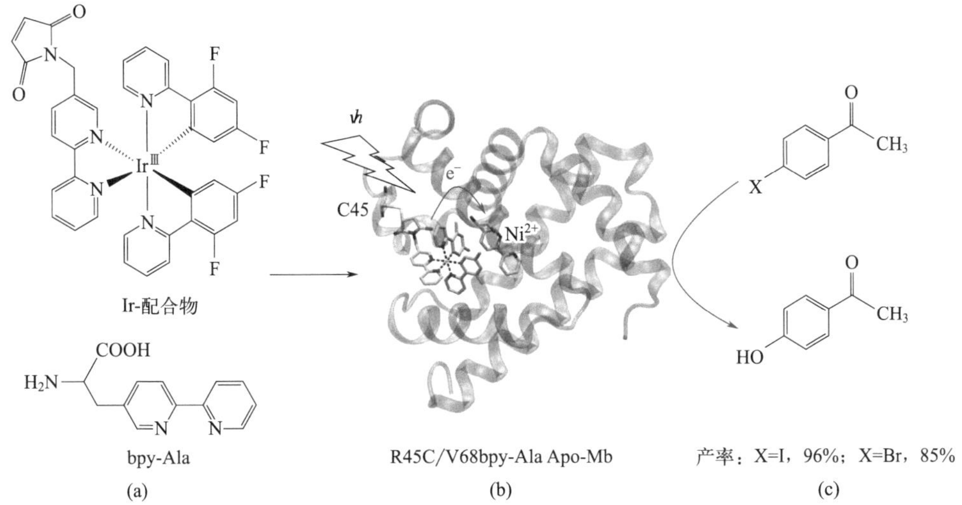

图 4.15 基于 Mb 骨架设计的 Ni- 人工金属酶及其催化功能

（a）通过引入 Ir- 配合物和非天然氨基酸 bpy-Ala；（b）基于 Mb 骨架设计的 Ni- 人工金属酶（PDB 编码 7YLK）；（c）光催化 C—O 键偶联反应示意图

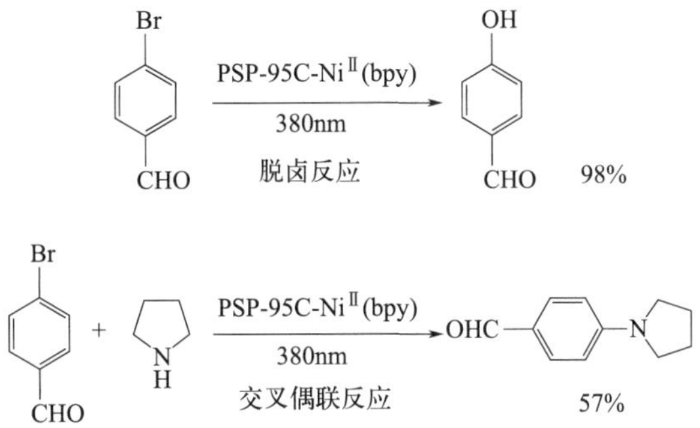

图 4.16 人工金属酶 PSP-95C-Ni^{II}(bpy) 分别催化脱卤反应和交叉偶联反应

4.8 小结

天然含镍金属酶具有单镍、双镍、镍配合物以及金属镍簇等多种催化中心。目前，含镍人工金属酶研究主要集中在设计以单镍或镍配合物为活性中心的方面。本章根据其催化功能不同，对含镍人工金属酶进行了分类介绍和讨论。其中，超氧化物歧化酶催化活性尤为独特，因此备受研究者关注。与含Co-人工金属酶类似，含Ni-人工金属酶也可分为氢化酶和CO_2还原酶等，在能源再生和环境保护等领域具有一定的应用前景。此外，含Ni-人工金属酶还具有氧化酶的催化活性，以及能够催化C—C、C—O和C—N键的形成等，在有机合成领域具有一定的应用前景。通过采用不同分子设计方法，如设计金属离子结合位点和引入非天然氨基酸等，可以形成多活性中心，从而构建具有光催化驱动能力的含Ni-人工金属酶，这也是目前人工金属酶分子设计的一个新趋势。

参考文献

[1] Maroney M J, Ciurli S. Nonredox nickel enzymes [J]. Chem Rev, 2013, 114 (8): 4206-4228.

[2] He M M, Clugston S L, Honek J F, et al. Determination of the structure of *Escherichia coli* glyoxalase I suggests a structural basis for differential metal activation [J]. Biochemistry, 2000, 39 (30): 8719-8727.

[3] Ermler U, Grabarse W, Shima S, et al. Crystal structure of methyl-coenzyme m reductase: The key enzyme of biological methane formation [J]. Science, 1997, 278 (5342): 1457-1462.

[4] Patwardhan A, Sarangi R, Ginovska B, et al. Nickel–sulfonate mode of substrate binding for forward and reverse reactions of methyl-scom reductase suggest a radical mechanism involving long-range electron transfer [J]. J Am Chem Soc, 2021, 143 (14): 5481-5496.

[5] Wu Z Y, Xue H, Wang T, et al. Mimicking of tunichlorin: Deciphering the

importance of a β-hydroxyl substituent on boosting the hydrogen evolution reaction [J]. ACS Catal, 2020, 10 (3): 2177-2188.

[6] Domergue J, Guinard P, Douillard M, et al. A bioinspired Ni^{II} superoxide dismutase catalyst designed on an ATCUN-like binding motif [J]. Inorg Chem, 2021, 60 (17): 12772-12780.

[7] Domergue J, Guinard P, Douillard M, et al. A series of ni complexes based on a versatile ATCUN-like tripeptide scaffold to decipher key parameters for superoxide dismutase activity [J]. Inorg Chem, 2023, 62 (23): 8747-8760.

[8] Domergue J, Pécaut J, Proux O, et al. Mononuclear Ni (II) complexes with a S_3O coordination sphere based on a tripodal cysteine-rich ligand: Ph tuning of the superoxide dismutase activity [J]. Inorg Chem, 2019, 58 (19): 12775-12785.

[9] Liu Y, Zhu X, Wang F, et al. Probing the role of the bridging C509 between the [Fe_4S_4] cubane and the [Ni_pNi_d] centre in the A-cluster of acetyl-coenzyme A synthase [J]. Chem Commun, 2011, 47 (4): 1291-1293.

[10] Liu Y, Wang Q, Tan X-S, et al. Functional conversion of nickel-containing metalloproteins via molecular design: From a truncated acetyl-coenzyme A synthase to a nickel superoxide dismutase [J]. Chem Commun, 2013, 49 (14): 1452-1454.

[11] Wei Y, Zhou Y, Tan X-S, et al. Functional conversion of acetyl-coenzyme A synthase to a nickel superoxide dismutase via rational design of coordination microenvironment for the Ni_d-site [J]. Int J Mol Sci, 2022, 23 (5): 2652.

[12] Dutta A, Hamilton G A, Jones A K, et al. Construction of heterometallic clusters in a small peptide scaffold as [NiFe]-hydrogenase models: Development of a synthetic methodology [J]. Inorg Chem, 2012, 51 (18): 9580-9588.

[13] Saint-Martin P, Lespinat P A, Moura J J G, et al. Hydrogen production and deuterium-proton exchange reactions catalyzed by desulfovibrio nickel (II) -substituted rubredoxins [J]. Proc Nat Acad Sci USA, 1988, 85 (24): 9378-9380.

[14] Slater J W, Shafaat H S. Nickel-substituted rubredoxin as a minimal enzyme model for hydrogenase [J]. J Phys Chem Lett, 2015, 6 (18): 3731-3736.

[15] Wertz A E, Teptarakulkarn P, Stein R E, et al. Rubredoxin protein scaffolds sourced from diverse environmental niches as an artificial hydrogenase platform [J]. Biochemistry, 2023, 62 (17): 2622-2631.

[16] Stevenson M J, Marguet S C, Shaffaat H S, et al. Light-driven hydrogen evolution by nickel-substituted rubredoxin [J]. Chem Sus Chem, 2017, 10 (22): 4424-4429.

[17] Malayam Parambath S, Williams A E, Chackraborty S, et al. A *de novo*-designed artificial metallopeptide hydrogenase: Insights into photochemical processes and the role of protonated cys [J]. Chem Sus Chem, 2021, 14 (10): 2237-2246.

[18] Prasad P, Hunt L A, Pall A E, et al. Photocatalytic hydrogen evolution by a *de

novo designed metalloprotein that undergoes Ni-mediated oligomerization shift [J]. Chemistry, 2023, 29 (14): e202202902.

[19] Selvan D, Prasad P, Chakraborty S, et al. Redesign of a copper storage protein into an artificial hydrogenase [J]. ACS Catal, 2019, 9 (7): 5847-5859.

[20] Jeoung J-H, Dobbek H. Carbon dioxide activation at the Ni, Fe-cluster of anaerobic carbon monoxide dehydrogenase [J]. Science, 2007, 318 (5855): 1461-1464.

[21] Liu X, Kang F, Wang J-Y, et al. A genetically encoded photosensitizer protein facilitates the rational design of a miniature photocatalytic CO_2-reducing enzyme [J]. Nat Chem, 2018, 10 (12): 1201-1206.

[22] Nianios D, Thierbach S, Steimer L, et al. Nickel quercetinase, a "promiscuous" metalloenzyme: Metal incorporation and metal ligand substitution studies [J]. BMC Biochem, 2015, 16 (1): 10.

[23] Beaumet M, Ghattas W, Hess C R, et al. An artificial metalloprotein with metal-adaptive coordination sites and Ni-dependent quercetinase activity [J]. J Inorg Biochem, 2022, 235: 111914.

[24] Miyazaki Y, Oohora K, Hayashi T. Focusing on a nickel hydrocorphinoid in a protein matrix: Methane generation by methyl-coenzyme M reductase with F430 cofactor and its models [J]. Chem Soc Rev, 2022, 51 (5): 1629-1639.

[25] Oohora K, Miyazaki Y, Hayashi T. Myoglobin reconstituted with ni tetradehydrocorrin as a methane-generating model of methyl-coenzyme M reductase [J]. Angew Chem Int Ed Engl, 2019, 58 (39): 13813-13817.

[26] Miyazaki Y, Oohora K, Hayashi T. Methane generation and reductive debromination of benzylic position by reconstituted myoglobin containing nickel tetradehydrocorrin as a model of methyl-coenzyme M reductase [J]. Inorg Chem, 2020, 59 (17): 11995-12004.

[27] Miyazaki Y, Oohora K, Hayashi T. Methane generation via intraprotein C—S bond cleavage in cytochrome b562 reconstituted with nickel didehydrocorrin [J]. J Organomet Chem, 2019, 901: 120945.

[28] Manesis A C, Yerbulekova A, Shearer J, et al. Thioester synthesis by a designed nickel enzyme models prebiotic energy conversion [J]. Proc Natl Acad Sci USA, 2022, 119 (30): e2123022119.

[29] Lee J, Song W J. Photocatalytic C—O coupling enzymes that operate via intramolecular electron transfer [J]. J Am Chem Soc, 2023, 145 (9): 5211-5221.

[30] Fu Y, Huang J, Wu Y, et al. Biocatalytic cross-coupling of aryl halides with a genetically engineered photosensitizer artificial dehalogenase [J]. J Am Chem Soc, 2021, 143 (2): 617-622.

第 5 章

含铜（Cu）人工金属酶设计及应用

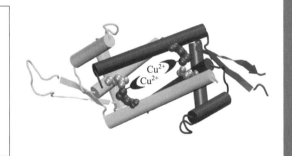

本章目录

- 5.1 含铜天然酶简介
- 5.2 人工 Cu- 氧化酶
- 5.3 人工 Cu-NIR 酶
- 5.4 含 Cu 的人工 Diels-Alder 加成酶
- 5.5 人工 Friedel-Crafts 反应酶
- 5.6 人工 Michael 加成酶
- 5.7 小结

参考文献

5.1 含铜天然酶简介

含铜天然酶是氧化还原酶（oxidoreductases）中的一大类，可以催化胺、抗坏血酸、伯醇和酚等的氧化，也可以催化 O_2 还原成 H_2O_2/H_2O，以及催化亚硝酸盐（NO_2^-）和 N_2O 分别还原成 NO 和 N_2 等[1]。目前，已发现的天然含铜蛋白或含铜酶至少含有六种不同的铜配位中心，包括：1-型 Cu，具有畸变四面体配位环境，如质体蓝素（plastocyanin）和天青蛋白（azurin）（图 2.14）等[2]；2-型 Cu，具有四方锥配位构型，如铜锌超氧化物歧化酶 Cu_2Zn_2-SOD；3-型 Cu，通过桥接配体连接的双铜中心；以及 Cu_A，具有半胱氨酸连接的双铜中心，如细胞色素 c 氧化酶［PDB 编码 2CUA[3]，图 5.1（a）］；Cu_B，具有三个组氨酸配位，如血红素-铜氧化酶 HCO，［PDB 编码 5DJQ[4]，图 5.1（b）］和 Cu_Z，具有无机硫连接的四铜中心，如 N_2O 还原酶［PDB 编码 1QNI[5]，图 5.1（c）］。

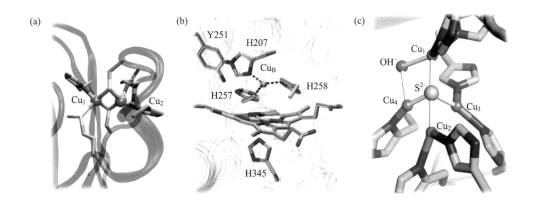

图 5.1 含铜天然酶中 Cu_A、Cu_B 和 Cu_Z 中心配位结构

（a）细胞色素 c 氧化酶晶体结构（PDB 编码 2CUA[3]），显示其 Cu_A 中心配位结构；（b）血红素-铜氧化酶 HCO 晶体结构（PDB 编码 5DJQ[4]），显示其血红素-Cu_B 双金属中心配位结构；（c）N_2O 还原酶晶体结构（PDB 编码 1QNI[5]），显示其 Cu_Z 中心配位结构

含铜亚硝酸盐还原酶（copper nitrite reductase，Cu-NIR）具有两种类型的

金属铜中心。其中 1-型 Cu 中心传递电子给 2-型 Cu 催化中心，后者结合 NO_2^- 并催化其还原生成 NO[PDB 编码 1L9Q[6]，图 5.2（a）]。Cu-NIR 和其他金属酶（如 NO 还原酶和 N_2O 还原酶等）一起，在维持生物系统中的氮循环方面（见知识框 5.1）发挥着重要的作用。

知识框 5.1：

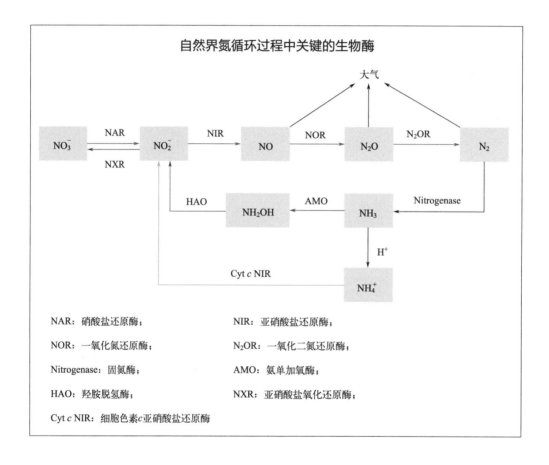

大多数含铜氧化酶，如儿茶酚氧化酶[catechol oxidase, PDB 编码 1BT1[7]，图 5.2（b）]、酪氨酸酶（tyrosinase）和漆酶[laccase, PDB 编码 1GYC[8]，图 5.2（c）]等，都有一个 3-型双核铜中心，O_2 结合于该位点并被活化，进而催化底物氧化。这些含铜氧化酶在生物质（如木质素）的利用、环境污染物（如卤代酚等）的生物治理等方面有着广泛的应用[9]。

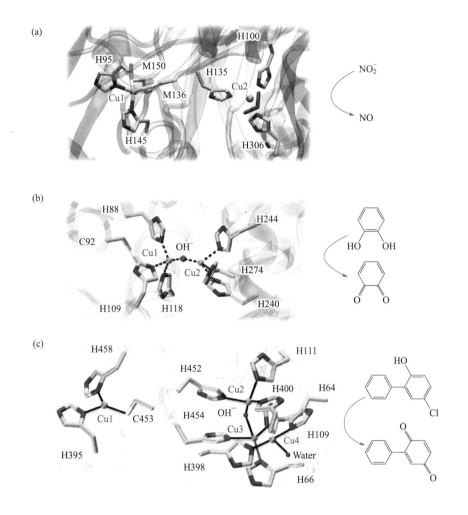

图 5.2 具有代表性的含铜天然酶的结构与功能

（a）含铜亚硝酸盐还原酶的晶体结构（PDB 编码 1L9Q[6]），显示其铜金属中心配位结构及其催化 NO_2^- 还原至 NO 示意图；（b）儿茶酚氧化酶的晶体结构（PDB 编码 1BT1[7]），显示其铜金属中心配位结构及其催化氧化儿茶酚示意图；（c）漆酶的晶体结构（PDB 编码 1GYC[8]），显示其铜金属中心配位结构及其催化氧化 5′- 氯 -2′- 羟基联苯示意图

5.2 人工 Cu- 氧化酶

5.2.1 基于天然蛋白的分子设计及其在生物催化中的应用

含铜天然酶具有氧化还原等多种催化功能，然而其蛋白和金属催化中心结

构复杂，研究和应用相对困难。因此，设计和构建人工含铜金属酶备受研究者关注。目前，已经发展了多种构建人工含铜金属酶的方法。其中，最直接的方法之一就是利用天然蛋白质进行人工金属酶的构建。

虽然一半以上的天然蛋白质是不含金属的蛋白质[10]，但这并不意味着这些蛋白质不会与金属离子结合。目前，蛋白质数据库中心收录了22万种左右蛋白质结构，Ward等[11]对PDB中心进行了搜索和分析，发现非金属蛋白中有121个蛋白具有潜在金属结合序列2-His-1-Glu/Asp。因此，这些蛋白质可能会结合金属离子，并可能会产生催化活性。例如，6-磷酸葡萄糖酸内酯酶（6-phosphogluconolactonase，6-PGLac）是一种非金属蛋白。然而其晶体结构显示，蛋白中His67、His104和Asp131在空间上形成金属结合序列2-His-1-Asp，通过构象的改变后可能会结合Cu^{2+}[图5.3（a）]，而且附近的Tyr69也可能会参与金属离子的配位作用。

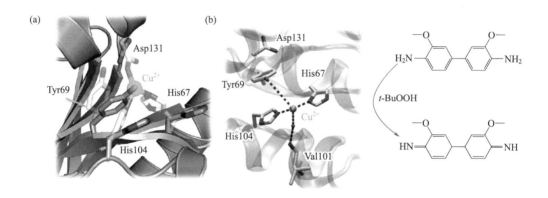

图5.3 基于天然蛋白酶6-PGLac设计人工Cu-氧化酶

（a）天然蛋白酶6-PGLac的晶体结构（PDB编码4TM8），显示其可能存在的铜离子结合位点2-His-1-Asp[11]；（b）Cu^{2+}-6-PGLac复合物的晶体结构（PDB编码4TM7[12]）及其催化3,3′-二甲氧基联苯胺氧化示意图

受上述大数据分析启发，Fujieda等[12]通过实验方法测试，当Cu（Ⅱ）与6-PGLac结合后，其复合物Cu(Ⅱ)-6-PGLac在叔丁基过氧化氢（*t*-butyl hydroperoxide，t-BuOOH）为氧化剂条件下，能够催化底物3,3′-二甲氧基联苯胺（又称邻联茴香胺）氧化，表现出很高的过氧化物酶活性[k_{cat}/K_M，$6.9×10^3$ L·(mol·s)$^{-1}$]。通过X射线晶体结构解析显示，6-PGLac可以结合多个Cu^{2+}，其中一个结合的Cu^{2+}分别与His67和His104，以及一个水分子配位，后者与Val101主链羰基氧形成氢键作用[图5.3（b）]。与理论猜想不同的是，Asp131并没有参与Cu^{2+}的配位，而且Tyr69也是处于Cu^{2+}配位层的外围，距离约为6.6Å。虽然理论猜想与实验结果存在一定的偏差，但是大数据的分析还是指导了实验的进行。而且，通过分子对接实验还揭示，Cu^{2+}附近的空腔可以容纳一个底物邻联茴香胺分子，因此可以解释为什么观察到的K_M值（11mmol·L^{-1}±3mmol·L^{-1}）很低，与天然辣根过氧化物酶HRP的K_M值（13mmol·L^{-1}）类似。以上研究表明，对具有潜在金属结合位点的天然非金属蛋白，加入合适的金属离子，是设计具有催化功能的人工金属酶的一种最直接和简便的策略。

5.2.2 基于多肽分子组装及其在生物催化中的应用

除发掘和利用天然蛋白质外，还可以利用多肽分子自组装（self-assembling），形成超分子聚集体（supramolecular assemblies）。例如，Korendovych等[13]研究发现，酰基保护的七肽分子（Ac-IHIHIQI-CONH$_2$），在Cu(Ⅱ)存在下能自组装，形成β-折叠状聚集体，类似朊病毒蛋白（prion protein）的结构特征。其中，多肽中的两个His与相邻多肽中的一个His可能参与Cu(Ⅱ)配位[图5.4（a）]。在O_2存在下，该聚集体能有效催化二甲氧基苯酚发生氧化反应。由于短肽聚集体具有纳米尺度（10～100nm），该研究为开发具有催化功能的纳米材料（或称为纳米酶）提供了一种有效的方法。

Korendovych等[14]进一步研究发现，酰基保护的七肽分子（Ac-IHIHIYI-CONH$_2$）由Cu(Ⅱ)诱导自助装后，形成的聚集体既具有水解功能，也具有氧化功能，而且可以进行两种催化功能的串联反应。例如，针对底物分子 2′,7′-二氯荧光素二乙酸酯（2′,7′-dichlorofluorescin diacetate，DCFH-DA），可以催化进行水解和氧化反应，形成荧光产物二氯二氢荧光素［图5.4（b）］。由此可见，通过设计多肽及其分子组装，可以拓展催化功能及其底物范围。

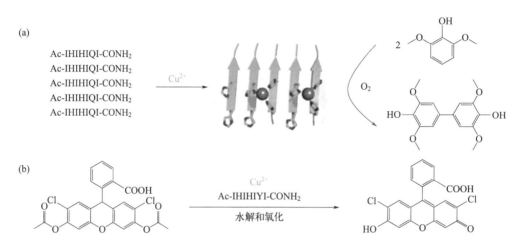

图5.4 基于多肽分子组装设计人工Cu-氧化酶

（a）七肽分子组装及Cu^{2+}结合后利用O_2催化双甲氧基苯酚氧化示意图[13]；（b）铜多肽聚集体催化2′,7′-二氯荧光素二乙酸酯水解并氧化生成荧光产物示意图[14]

5.3 人工Cu-NIR酶

亚硝酸盐还原酶（nitrite reductase，NIR）在维持生物系统中的氮循环方面发挥着重要的作用[15]。含有铜亚硝酸盐还原酶Cu-NIR具有三聚体结构，其金属中心结构相对复杂。受天然Cu-NIR催化中心结构［具有3-His配位结构，图5.2（a）］的启发，研究者可以设计具有催化功能的人工Cu-NIR酶。例如，通过利用三股α螺旋（three-stranded coiled coils，TRI-H）的结构优势，Pecoraro等[16]设计了一个带有三个His配体的Cu^{2+}结合位点（图5.5，其氨基酸序列为Ac-G WKALEEK LKALEEK LKALEEK HKALEEK G-NH_2）。Cu-

TRI-H 的配位构型与天然 Cu-NIR 的 2- 型 Cu 位点非常相似，并表现出比较高的 NIR 催化活性（$k_{cat} = 4.4 \times 10^{-1} s^{-1}$；pH=5.9），尽管远低于天然 NIR（$k_{cat}$ 约 $1500 s^{-1}$；pH=5.8）。而且，通过改变 2- 型 Cu 配位结构外围带电荷的氨基酸残基，如进行 K24E 突变后，Glu24 可以与 His23 形成氢键，调节 Cu 的还原电位（变化 100mV）以及蛋白的 NIR 催化活性（增强 4 倍左右）[17]。

图 5.5　基于三股 α 螺旋设计的人工 Cu-NIR 酶及其催化 NO_2^- 还原至 NO 示意图[16]

此外，尽管具有单一活性中心的人工金属酶的分子设计取得了很好的研究进展，在同一蛋白分子中设计双活性中心的研究却非常少。天然 NIR 有含铜和含血红素辅基（Heme d_1）两种类型[18]。受这些研究现状的启发，我们选择 Mb 分子作为蛋白质分子设计模型，构建了具有血红素和金属铜的双催化活性中心[19]。基本研究思路是，在远离血红素活性中心处，利用 Mb 结构中原有的两个组氨酸（His24 和 His119），将其空间附近的 118 位精氨酸（Arg）定点突变为 His 或甲硫氨酸（Met），可以设计分别具有 3-His 或 2-His-1-Met 的金属结合位点［图 5.6（a）］。等温量热滴定（isothermal titration calorimetry, ITC）和电子顺磁共振波谱（electron paramagnetic resonance, EPR）实验证实了 Cu^{2+} 可以结合到所设计的金属结合位点。而且光谱动力学实验研究表明，突变体蛋白 R118H Mb 和 R118M Mb 在结合 Cu^{2+} 后，其血红素中心和 Cu^{2+} 中心均具有 NIR 催化活性。

在另一项研究中，我们利用溴代的甲基联吡啶基团（mBpy）与 F46C Mb 突变体 Cys46 反应，从而将具有金属离子配位能力的联吡啶基团共价连接至血红素附近。质谱数据显示，该人工金属酶（称为 F46C-mBpy Mb）可以结合一个 Cu^{2+} 或 Ni^{2+}，其中 Cu^{2+}-F46C-mBpy Mb 的晶体结构如图 5.6（b）所示[20]。催化测试结果显示，Cu^{2+}-F46C-mBpy Mb 具有 NIR 催化功能，可以催化 NO_2^- 还原至 NO，其催化效率约是 R118H Mb 的 7 倍；而 Ni^{2+} 的结合则会抑制其 NIR 催化功能。这些研究对于设计具有高催化性能、多活性中心的生物酶分子具有一定的指导意义。

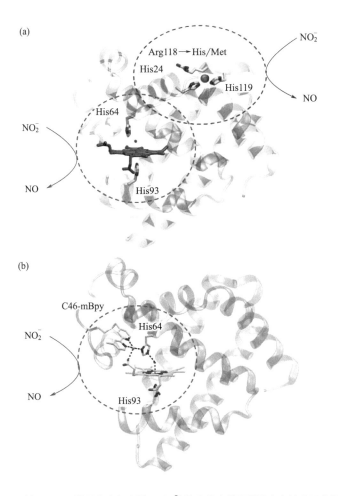

图 5.6 基于 Mb 设计具有血红素以及 Cu^{2+} 结合位点的双催化中心的人工金属酶

（a）通过 R118H/M 突变构建 Cu^{2+} 结合位点催化 NO_2^- 还原至 NO 示意图；（b）通过共价连接联吡啶配体至 F46C 突变体（PDB 编码 9IJO）构建血红素 - 铜双金属中心催化 NO_2^- 还原至 NO 示意图

5.4 含 Cu 的人工 Diels-Alder 加成酶

5.4.1 单金属中心及其在有机合成中的应用

Diels-Alder 加成反应（DA 反应）是一种典型的周环反应，能够生成两个新的 C—C 共价键以及多达四个手性中心，因而能够快速形成复杂的分子结构，在天然产物合成方面有着广泛的应用[21]。尽管该反应具有重要性和广泛性，自然界中的天然酶很少能催化 DA 反应，而且都是促进分子内的环加成反应。而对于分子间的 DA 反应，尤其是控制立体选择性，合成生物催化剂具有很大的挑战性。为此，很多基于抗体（antibody）、DNA 核酸以及蛋白质-金属配合物的人工 DA 加成酶被研究报道[22]。本节主要讨论一些基于铜配合物与蛋白质骨架组装，形成人工 DA 加成酶的研究案例。

第 3 章第 3.5 节已经提及，一氧化氮结合蛋白（nitrobindin，NB）是一种刚性 β-桶状血红素结合蛋白[23]。去除血红素后的脱辅基蛋白 Apo-NB 是用来构建结合人工金属配合物的理性蛋白分子骨架。Hayashi 等合成了一种铜三联吡啶配合物 $[Cu(typ)]^{2+}$，通过马来酰亚胺方法将其共价连接到突变体蛋白 Apo-Q96C NB 上［图 5.7（a）］。所构建的人工金属酶能够催化 2-氮杂查尔酮（azachalcone）和环戊二烯之间的 DA 加成反应，产率为 22%，*endo*（内型）/*exo*（外型）比值为 90/10[24]。

类似的研究还有将铜的三联吡啶配合物共价连接至其他 β-桶状蛋白，如氧化态氧肟酸盐摄取蛋白组分 A（ferric hydroxamate uptake protein component A，FhuA）。通过在其疏水空腔内引入 Cys（K545C 突变），可以通过结合马来酰亚胺的方法进行铜配体的连接，其中连接的链长会对催化效率产生影响。当马来酰亚胺与铜配体之间的亚甲基数目为 2 时，催化效率最高，产率为 69%，*endo*/*exo* 比值为 96/4[25]。此外，还可以将铜配合物共价连接至由多个 α 螺旋组装成 α 螺旋管状的蛋白质骨架（α-solenoid-shaped protein scaffold）中，但最高产率只有 38%，*endo*/*exo* 比值为 92/8[26]。

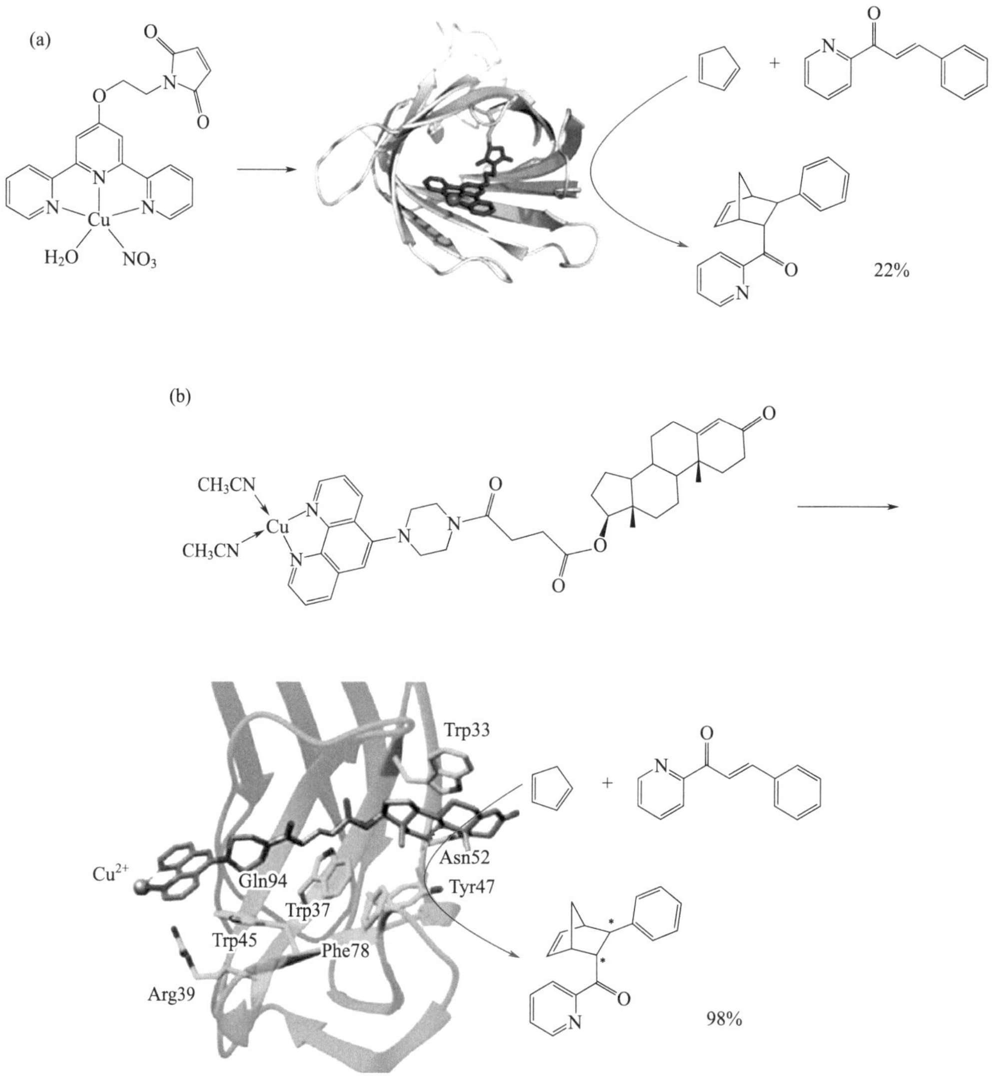

图 5.7　基于铜配合物的单金属中心的人工金属酶分子设计及催化功能

(a) 一种铜三联吡啶配合物共价连接至突变体蛋白 Apo-Q96C NB[24]；(b) 1,10-菲咯啉 Cu(Ⅱ)
配合物-睾酮-偶联物与蛋白 NCS-3.24 重组，以及所构建的人工金属酶分别催化环戊二烯和
2-氮杂查尔酮发生 Diels-Alder 加成反应示意图[27]

新制癌菌素（neocarzinostatin，NCS）是双烯二炔类抗癌抗生素蛋白家族中的一员，具有较小的体积（113 个氨基酸残基）。通过使用"特洛伊木马"策略，Ricoux 和 Mahy 等[27]将 1,10-菲咯啉 Cu(Ⅱ)配合物与睾酮（testosterone）

偶联，并将其重组至 NCS 变体蛋白 NCS-3.24 上［图 5.7（b）］，该突变体对睾酮具有高亲和力（K_D = 13μmol·L^{-1}）。该人工金属酶能有效催化环戊二烯和 2-氮杂查尔酮发生 DA 加成反应，转化率高达 98%，endo/exo 比值为 84/16。

Ghattas 和 Mahy 等[28]还将铜与菲咯啉（phenanthroline）以及拮抗剂（antagonist）配合物嵌入人源腺苷受体 A_{2A}，在细胞外侧构建人工金属酶，由此产生的细胞能催化上述 DA 加成反应，产率为 22%～42%（对映体过量值为 28%～14%）。该研究说明可以在活细胞中构建基于受体的人工金属酶，催化人体代谢中的外源反应。该技术有可能用于靶向合成药物或激活前体药物等，因此在生物医药等领域具有一定的应用前景。

5.4.2 双金属中心及其在有机合成中的应用

除单金属铜中心外，若所选择的蛋白质骨架空腔合适的情况下，还可以构建双金属铜催化中心。例如，Roelfes 等[29]选择转录因子（lactococcal multidrug resistance regulator，LmrR）二聚体作为蛋白质骨架，通过将配体菲咯啉共价连接到第 19 位引入的 Cys，可以在二聚体界面内创建了双铜结合位点［图 5.8（a）］。由于 LmrR 二聚体具有足够大的疏水空腔，该人工金属酶能够催化 DA 反应，且具有很高的对映选择性（对映体过量值为 97%）［图 5.8（b），反应（1）］。此外，他们利用遗传密码拓展技术，在 LmrR 蛋白中插入非天然氨基酸，进一步在二聚体三个不同位置（19、89 或 93 位）加入了非天然金属结合氨基酸联吡啶丙氨酸（Bpy-Ala）。Cu（Ⅱ）与双位点结合后，人工金属酶可以催化不对称 Friedel-Crafts 烷基化反应［图 5.8（b），反应（2）］。通过进一步优化双活性位点，如 F93W 突变，二聚 LmrR F93W 突变体与位于第 89 位的 Cu（Ⅱ）-Bpy-Ala 在 2-甲基吲哚的酰化反应中，生成的产物转化率为 94%（对映体过量值为 83%）。研究结果揭示，第 93 位色氨酸的芳香族侧链在活性中心的外围起着关键作用。

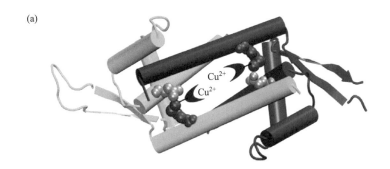

图 5.8 基于铜配合物的双金属中心的人工金属酶分子设计及催化功能

(a) 通过共价连接菲咯啉至氨基酸 Cys 或引入非天然氨基酸 Bpy-Ala，在 LmrR 二聚体界面构建双铜活性位点[29]；(b) 分别催化 Diels-Alder 反应（1）和不对称 Friedel-Crafts 烷基化反应（2）

5.5 人工 Friedel-Crafts 反应酶

Friedel-Crafts 反应，简称傅-克反应，是一类芳香族亲电取代反应，主要分为烷基化反应和酰基化反应，在有机合成领域有着广泛的应用。很多含铜人工金属酶具有催化傅-克反应的功能。例如，Roelfes 等[29]设计的含有非天然氨基酸 Bpy-Ala 的 LmrR 二聚体蛋白［图 5.8（b）］。Jarvis 等[30]利用类固醇载体蛋白（steroid carrier protein，SCP）作为人工金属酶设计骨架，后者具有较大的疏水腔，易于通过引入金属配合物等进行分子改造。通过在疏水腔附近不同位点（如 Asn111、Ala100 或 Val83）引入 Cys，可以共价连接上一个联吡啶配体（Bpy），用于 Cu^{2+} 的配位，其中 Cu^{2+}-Q111C-Bpy SCP 复合物的晶体结构如图 5.9 所示。研究结果显示，该人工金属酶可以催化吲哚和烯酮化合物之间发生不对称傅-克烷基化反应，产率为 25%，对映异构体比值 R ∶ S=64 ∶ 36；当 Bpy 配体连接到 Cys100 后，Cu^{2+}-A100C-Bpy SCP 催化产率为 42%，对映异构体比值 R ∶ S=66 ∶ 34。

同样，也可以将非天然氨基酸 Bpy-Ala 引入到上述不同的氨基酸位点。在结合 Cu^{2+} 后，具有类似的催化功能，但是立体选择性发生了改变。例如，当非天然氨基酸 Bpy-Ala 引入到第 111 位点后，Cu^{2+}-Q111-Bpy-Ala SCP 催化产率为 42%，对映异构体比值 R ∶ S=20 ∶ 80；当引入到第 100 位点后，Cu^{2+}-A100-Bpy-Ala SCP 催化产率为 45%，但几乎没有立体选择性（R ∶ S=51 ∶ 49）。需要指出的是，单独 Cu^{2+} 也可以催化该反应（产率为 76%），但是没有立体选择性（R ∶ S=50 ∶ 50）。研究结果说明，蛋白的疏水腔微环境可以调控催化产物的立体选择性，其中不同的氨基酸位点以及配体与肽链之间的连接方式等均会对催化效率产生重要影响。

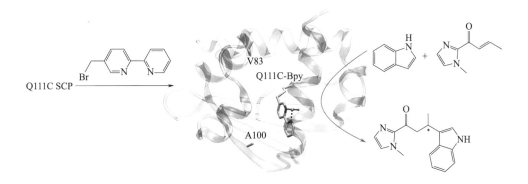

图 5.9　基于类固醇载体蛋白设计的 Cu^{2+}-Q111C-Bpy SCP 复合物的晶体结构
（PDB 编码 8AF3[30]）及其催化不对称 Friedel-Crafts 烷基化反应示意图

5.6 人工 Michael 加成酶

迈克尔加成反应（Michael addition reaction）也称 1,4-加成或共轭加成，是构建 C—C 键最常用的方法之一。其加成反应的供体一般是活性亚甲基，如丙二酸和硝基烷烃等；反应的受体一般是活化的烯烃，如 α,β-不饱和羰基化合物等。很多金属有机催化剂可以催化该类型反应，然而很难控制产物的立体性，催化效率也有待进一步提高。为此，很多研究者开发利用人工金属酶催化该类型反应，其中包括设计和构建含铜的人工 Michael 加成酶。

Fujieda 等[31]选择具有 β-桶状结构的铜蛋白超家族蛋白（TM1459）作为研究对象，对其铜离子结合中心进行理性改造。TM1459 蛋白结合铜离子后的晶体结构如图 5.10（a）所示，其中 4 个 His 和 2 个水分子参与配位。他们通过将 His 突变为 Ala 的方法，分别构建了具有 3 个 His 或 2 个 His 配位的铜中心。研究发现，H52A 和 H54A/H58A 突变体能有效催化硝基烷烃与 α,β-不饱和酮之间的迈克尔加成反应。而且，通过疏水空腔内 F104W 单点突变，可以反转突变体 H52A 的非对映选择性（diastereoselectivity）以及突变体 H54A/H58A 的立体选择性（stereoselectivity）。由此可见，对天然金属蛋白进行理性改造，可以简便获得具有高选择性的人工金属酶，在有机催化领域具有一定的应用前景。

Roelfes 等[32]利用转录因子 LmrR 二聚体作为蛋白质骨架构建了多种人工金属酶。除上一节介绍的利用 Cys 共价结合含铜配合物的人工 Diels-Alder 加成酶外，他们还建立了多种其他方法用于构建多功能人工金属酶。例如，通过在 LmrR 单体中第 15 位氨基酸引入非天然氨基酸，对氨基苯丙氨酸（p-aminophenylalanine，pAF），后者可以通过形成亚氨基离子活化烯醛类分子；同时通过两个单体中色氨酸 Trp69 和 Trp69′之间的疏水作用，可以稳定 Cu（Ⅱ）-菲咯啉配合物的结合，后者可以进一步与甲基咪唑酮类 Michael 供体形成配位作用［图 5.10（b）］。研究发现，两个活性中心可以协同催化

Michael 加成，实现高产率（最高可达 82%）和立体选择性（最高可达 99% 以上）。在后续的研究中，Zhou 等[33]进一步基于上述体系，实现了具有挑战性的串联 Michael 加成/不对称质子化反应。由此可见，在人工金属酶中实现生物催化基团的协同催化，是构建高效人工金属酶的一种有效方法，可以实现具有挑战性的串联反应，从而拓展人工金属酶在有机合成领域中的应用。

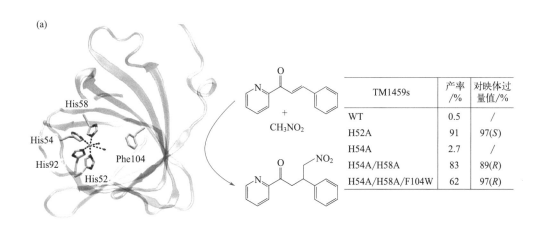

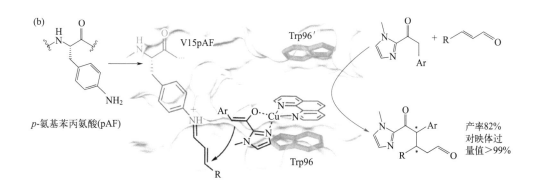

图 5.10　基于天然蛋白设计人工 Michael 加成酶及其催化功能

（a）铜蛋白 Cu^{2+}-TM1459 的晶体结构（PDB 编码 6L2D[31]）及其突变体催化 Michael 加成反应与产物的选择性比较；（b）通过引入非天然氨基酸 pAF 以及非共价结合 Cu(Ⅱ)-菲咯啉配合物方法，基于转录因子 LmrR 二聚体构建具有双活性中心的人工金属酶，及其催化 Michael 加成反应示意图[32]

5.7 小结

和含铁人工金属酶类似，含铜人工金属酶既有氧化酶的催化功能，也有还原酶的催化功能。作为人工氧化酶或过氧化物酶时，可以利用空气中的 O_2、H_2O_2 以及 t-BuOOH 等作为氧化剂，催化有机底物氧化，包括糖类化合物的氧化断裂等[34]。例如，基于天青蛋白设计的具有组氨酸支架（His-brace）的突变体蛋白 A1H/T21G/D23H Az[35]，在结合 Cu（Ⅱ）后具有类似天然裂解性多糖单加氧酶（lytic polysaccharide monooxygenase，LPMO）（的催化活性），有可能应用于多糖解聚，从而提供绿色能源和化工产品。而作为人工 NIR 还原酶时，可以催化 NO_2^- 还原生成 NO，在氮循环方面具有一定的作用。

相对于具有 2-型单核铜中心的人工金属酶而言，设计与构建具有 3-型双核铜中心的人工金属酶难度更高，因此研究案例相对较少。Lombardi 等[36]基于 4-股 α 螺旋束设计了具有 O 桥连的双铜中心，Ricoux 等[37]则通过合成具有双 O 桥连的双铜配合物，再与 β-乳球蛋白进行重组，两者均可催化儿茶酚类底物氧化生成相应的醌。此外，有关 N_2O 还原酶中存在的多核 Cu_Z 中心，目前还没有相关研究报道，因此也是值得研究的方向之一。

与含铁人工金属酶相比，含铜人工金属酶具有独特的优势，可以催化 Diels-Alder 加成反应、Friedel-Crafts 反应和 Michael 加成反应等，形成多个或单个具有手性中心的 C—C 键。其优点在于通过蛋白质空腔微环境的调控，可以控制产物的不对称性，这是单独铜配合物无法实现的。因此，设计与构建的不同含铜人工金属酶，无论在环境催化、能源化工，还是在有机合成等领域，都有广泛的应用前景。

参考文献

[1] Solomon E I, Heppner D E, Johnston E M, et al. Copper active sites in biology [J]. Chem Rev, 2014, 114 (7): 3659-3853.

[2] Wilson T D, Yu Y, Lu Y. Understanding copper-thiolate containing electron transfer centers by incorporation of unnatural amino acids and the Cu_A center into the type 1 copper protein azurin [J]. Coord Chem Rev, 2013, 257 (1): 260-276.

[3] Williams P A, Blackburn N J, Sanders D, et al. The Cu_A domain of *Thermus thermophilus* ba_3-type cytochrome *c* oxidase at 1.6Å resolution [J]. Nat Struct Biol, 1999, 6 (6): 509-516.

[4] Buschmann S, Warkentin E, Xie H, et al. The structure of cbb_3 cytochrome oxidase provides insights into proton pumping [J]. Science, 2010, 329 (5989): 327.

[5] Brown K, Tegoni M, Prudencio M, et al. A novel type of catalytic copper cluster in nitrous oxide reductase [J]. Nat Struct Biol, 2000, 7 (3): 191-195.

[6] Boulanger M J, Murphy M E P. Directing the mode of nitrite binding to a copper-containing nitrite reductase from *Alcaligenes faecalis* S-6: Characterization of an active site isoleucine [J]. Protein Sci, 2003, 12 (2): 248-256.

[7] Klabunde T, Eicken C, Sacchettini J C, et al. Crystal structure of a plant catechol oxidase containing a dicopper center [J]. Nat Struct Biol, 1998, 5 (12): 1084-1090.

[8] Piontek K, Antorini M, Choinowski T. Crystal structure of a laccase from the fungus *Trametes versicolor* at 1.90-Å resolution containing a full complement of coppers [J]. J Biol Chem, 2002, 277 (40): 37663-37669.

[9] Lin Y-W. Biodegradation of aromatic pollutants by metalloenzymes: A structural-functional-environmental perspective. [J]. Coord Chem Rev, 2021, 434: 213774.

[10] Waldron K J, Rutherford J C, Ford D, et al. Metalloproteins and metal sensing [J]. Nature, 2009, 460 (7257): 823-830.

[11] Amrein B, Schmid M, Ward T R, et al. Identification of two-histidines one-carboxylate binding motifs in proteins amenable to facial coordination to metals [J]. Metallomics, 2012, 4 (4): 379-388.

[12] Fujieda N, Schätti J, Stuttfeld E, et al. Enzyme repurposing of a hydrolase as an emergent peroxidase upon metal binding [J]. Chem Sci, 2015, 6 (7): 4060-4065.

[13] Makhlynets O V, Gosavi P M, Korendovych I V. Short self-assembling peptides are able to bind to copper and activate oxygen [J]. Angew Chem Int Ed Engl, 2016, 55 (31): 9017-9020.

[14] Lengyel Z, Rufo C M, Korendovych I V, et al. Copper-containing catalytic amyloids promote phosphoester hydrolysis and tandem reactions [J]. ACS Catal, 2018, 8 (1):

59-62.

[15] Lehnert N, Dong H T, Harland J B, et al. Reversing nitrogen fixation [J]. Nature Rev Chem, 2018, 2 (10): 278-289.

[16] Tegoni M, Yu F, Pecoraro V L, et al. Designing a functional type 2 copper center that has nitrite reductase activity within α-helical coiled coils [J]. Proc Natl Acad Sci USA, 2012, 109 (52): 21234-21239.

[17] Yu F, Penner-Hahn J E, Pecoraro V L. *De novo*-designed metallopeptides with type 2 copper centers: Modulation of reduction potentials and nitrite reductase activities [J]. J Am Chem Soc, 2013, 135 (48): 18096-18107.

[18] Rinaldo S, Giardina G, Castiglione N, et al. The catalytic mechanism of *Pseudomonas aeruginosa* cd_1 nitrite reductase [J]. Biochem Soc Trans, 2011, 39 (1): 195-200.

[19] Shu X-G, Su J-H, Du K-J, et al. Rational design of dual active sites in a single protein scaffold: A case study of heme protein in myoglobin [J]. Chemistry Open, 2016, 5: 192-196.

[20] Nie L S, Liu X C, Yu L, et al. Rational design of an artificial metalloenzyme by constructing a metal-binding site close to the heme cofactor in myoglobin [J]. Inorg Chem, 2024, 63 (40): 18531-18535.

[21] Nicolaou K C, Snyder S A, Montagnon T, et al. The Diels-Alder reaction in total synthesis [J]. Angew Chem Int Ed, 2002, 41 (10): 1668-1698.

[22] Matsuo T, Miyake T, Hirota S. Recent developments on creation of artificial metalloenzymes [J]. Tetrahedron Lett, 2019, 60 (45): 151226.

[23] de Simone G, Ascenzi P, Polticelli F. Nitrobindin: An ubiquitous family of all β-barrel heme-proteins [J]. IUBMB Life, 2016, 68 (6): 423-428.

[24] Himiyama T, Sauer D F, Onoda A, et al. Construction of a hybrid biocatalyst containing a covalently-linked terpyridine metal complex within a cavity of aponitrobindin [J]. J Inorg Biochem, 2016, 158: 55-61.

[25] Osseili H, Sauer D F, Beckerle K, et al. Artificial Diels-Alderase based on the transmembrane protein fhua [J]. Beilstein J Org Chem, 2016, 12: 1314-1321.

[26] Di Meo T, Kariyawasam K, Ghattas W, et al. Functionalized artificial bidomain proteins based on an α-solenoid protein repeat scaffold: A new class of artificial Diels-Alderases [J]. ACS Omega, 2019, 4 (2): 4437-4447.

[27] Ghattas W, Ricoux R, Mahy J P, et al. Artificial metalloenzymes with the neocarzinostatin scaffold: Toward a biocatalyst for the Diels-Alder reaction [J]. Chem Bio Chem, 2016, 17 (5): 433-440.

[28] Ghattas W, Mahy J P, Wick A, et al. Receptor-based artificial metalloenzymes on living human cells [J]. J Am Chem Soc, 2018, 140 (28): 8756-8762.

[29] Bos J, Fusetti F, Roelfes G, et al. Enantioselective artificial metalloenzymes by creation of a novel active site at the protein dimer interface [J]. Angew Chem Int Ed Engl, 2012, 51 (30): 7472-7475.

[30] Klemencic E, Brewster R C, Jarvis A G, et al. Using BpyAla to generate copper artificial metalloenzymes: A catalytic and structural study [J]. Catal Sci Tech, 2024, 14 (6): 1622-1632.

[31] Fujieda N, Ichihashi H, Yuasa M, et al. Cupin variants as a macromolecular ligand library for stereoselective michael addition of nitroalkanes [J]. Angew Chem Int Ed, 2020, 59 (20): 7717-7720.

[32] Zhou Z, Roelfes G. Synergistic catalysis in an artificial enzyme by simultaneous action of two abiological catalytic sites [J]. Nature Catalysis, 2020, 3 (3): 289-294.

[33] Zhou Z, Roelfes G. Synergistic catalysis of tandem michael addition/enantioselective protonation reactions by an artificial enzyme [J]. ACS Catal, 2021, 11 (15): 9366-9369.

[34] Luo J, He C. Chemical protein synthesis enabled engineering of saccharide oxidative cleavage activity in artificial metalloenzymes [J]. Int J Biol Macromol, 2024, 256: 128083.

[35] Liu Y-W, Harnden K A, van Stappen C, et al. A designed Copper Histidine-brace enzyme for oxidative depolymerization of polysaccharides as a model of lytic polysaccharide monooxygenase [J]. Proc Natl Acad Sci USA, 2023, 120 (43): e2308286120.

[36] Pirro F, La Gatta S, Lombardi A, et al. A *de novo*-Designed type 3 copper protein tunes catechol substrate recognition and reactivity [J]. Angew Chem Int Ed Engl, 2023, 62 (1): e202211552.

[37] Gay R, Masson Y, Ricoux R, et al. Binding and stabilization of a semiquinone radical by an artificial metalloenzyme containing a binuclear copper (Ⅱ) cofactor [J]. Chem Bio Chem, 2024, 25 (19): e202400139.

第 6 章

含锌（Zn）人工金属酶设计及应用

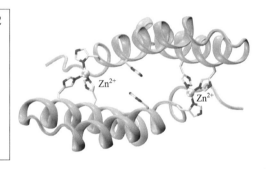

本章目录

- 6.1 含锌天然酶简介
- 6.2 人工水解酶
- 6.3 人工核酸酶
- 6.4 含 Zn 的人工 Diels-Alder 加成酶
- 6.5 小结
- 参考文献

6.1 含锌天然酶简介

在目前已知结构的金属蛋白和金属酶中,含锌离子(Zn^{2+})的约占9%(图1.2),其中主要为水解酶和裂解酶。锌离子发挥作用的类型主要包括结构型(structural)催化型(catalytic)、共催化型(cocatalytic)以及位于蛋白界面(protein interface)型等。结构型 Zn^{2+} 通常由蛋白提供四个配体,形成四面体结构,如锌指蛋白(zinc finger protein,ZFP);催化型 Zn^{2+} 通常形成变形的四面体(disordered-tetrahedral)或三角双锥(trigonal bipyramidal)结构,而且具有一个开放的配位位点,即至少具有一个水分子配位,如碳酸酐酶Ⅱ(carbonic anhydrase,CA,图6.1[1])和羧肽酶(carboxypeptidase)等。共催化型 Zn^{2+} 通常具有多金属离子中心,如碱性磷酸酯酶(alkaline phosphatase,ALP,含有2个 Zn^{2+}、1个 Mg^{2+});磷脂酶C(phospholipase C,含有3个 Zn^{2+})、核酸酶P1(nuclease P1,活性中心含有3个 Zn^{2+},图6.2[2])以及亮氨酸氨肽酶(Leu aminopeptidase,含有2个 Zn^{2+})等。这些结构多样的天然含锌金属蛋白/金属酶为人工含锌金属酶的分子设计及应用提供了很好的启发和借鉴。

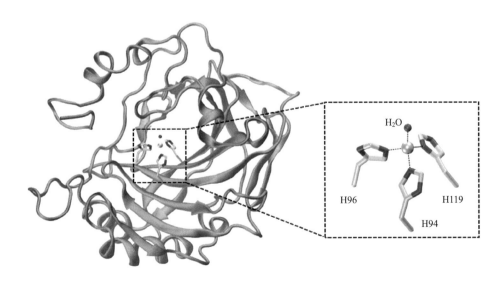

图6.1 碳酸酐酶Ⅱ(A,PDB 编码 3KKX)的晶体结构及其活性中心

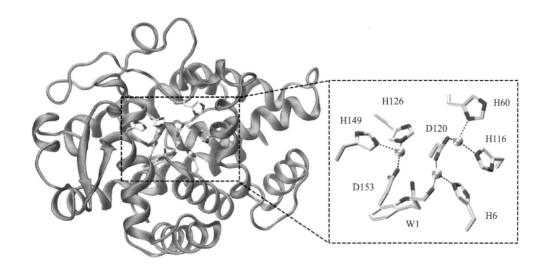

图 6.2　核酸酶 P1（B，PDB 编码 1AK0）的晶体结构及其活性中心

6.2　人工水解酶

由于 Zn^{2+} 特别适合作为路易斯酸，在天然水解酶中起关键作用，因此也是设计人工水解酶首选的金属离子。目前，基于三股 α 螺旋、四股 α 螺旋以及锌指蛋白等蛋白质骨架，通过分子设计，构建了一系列人工水解酶，一方面丰富了我们对天然水解酶结构与功能的关系理解，另一方面也为功能水解酶分子的设计和应用提供了新的思路。

6.2.1　基于三股 α 螺旋

对于蛋白质分子折叠，特别是对于 α 螺旋形成的认识，运用从头设计的方法，可以人为设计与构建 α 螺旋束结构。Pecoraro 等[3] 设计了一种可以形成具有三股 α 螺旋束（3-stranded coiled coil，3SCC）结构的氨基酸序列，并在其内部构建了 Zn^{2+} 结合位点 [Zn（Ⅱ）-His$_3$O]，分别与三个组氨酸和一个水分子配位 [图 6.3（a）]。该人工金属酶具有催化 CO_2 水解功能，其活性与天然碳酸酐酶活性相当。

基于上述三股α螺旋束，除所设计的Zn^{2+}结合位点外，Pecoraro等[4]还构建了Hg^{2+}结合位点（HgS_3），分别与三个半胱氨酸配位，起到进一步稳定蛋白结构的作用。该人工金属酶称为$[Hg(II)]_S[Zn(II)(OH^-)]_N(TRIL9CL23H)_3$，其晶体结构如图6.3（b）所示。催化活性测试显示，该人工金属酶可以催化4-硝基苯基乙酸酯（4-nitrophenylacetate，4-NPA）水解。其中，pH=7.5时，k_{cat}=$(2.2\pm0.5)\times10^{-3}s^{-1}$，催化效率$k_{cat}/K_M$=$(1.38\pm0.04)$L·(mol·s)$^{-1}$，是当时报道催化效率最高的$N_3$-型（即具有3个N原子与金属离子配位结构）小分子配合物水解活性的33倍。而且，pH=9.5时，其催化效率是N_3-型小分子配合物水解活性的550倍，说明了在催化活性方面人工金属酶优于小分子金属配合物。然而，与天然人碳酸酐酶（pH=8.0）时相比，其催化活性只有1%，说明了人工水解酶与天然酶相比，其催化效率仍存在很大的差距。

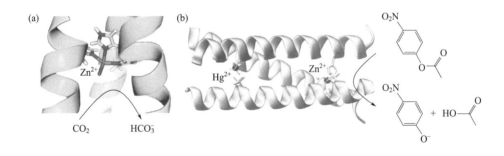

图6.3 基于三股 α 螺旋束设计的人工水解酶

（a）具有单金属中心的人工金属酶晶体结构（PDB 编码 3PBJ）及其催化 CO_2 水解示意图；
（b）具有双金属中心的人工金属酶晶体结构及其催化 4-NPA 水解示意图

为进一步探究金属催化中心与肽链微环境之间的关系，Zastrow 等[5]对只结合 Zn^{2+} 和同时结合 Zn^{2+}/Hg^{2+} 的三股 α 螺旋束的水解酶活性进行了比较，发现在 pH=7.5～8.5 之间时，两者催化效率相近，说明金属中心 HgS_3 对蛋白催化效率无明显影响；而在 pH=9.5 时，只结合 Zn^{2+} 的催化效率比同时结合双金属的催化效率降低 20%，说明在较高 pH 值时，Hg（Ⅱ）能稳定蛋白的构象，从而有利于水解反应。

在 3-股 α 螺旋束中，如果将双金属中心 Zn（Ⅱ）-His$_3$O 和 HgS$_3$ 的位置进行互换，所构建的水解酶的催化效率会有所下降，而且 Zn^{2+} 的结合力会降低为原来的 1/10。此外，若将催化活性中心 Zn（Ⅱ）-His$_3$O 向 N-端靠近，由第 23 位氨基酸移到 19 位后，所构建的水解酶与 Zn^{2+} 的结合力会降为原来的 1/10，催化水解效率也有所下降。研究结果表明：三股 α 螺旋束所构成的微环境对于金属离子的结合和分子催化均具有一定的调控作用。因此，如何选择合适的金属结合位点，以及如何利用微环境进行调控，是进行人工水解酶分子设计和催化功能调控的关键所在。

6.2.2 基于四股 α 螺旋

α 螺旋除形成三股 α 螺旋束外，还倾向于形成四股 α 螺旋束，两者都是进行人工金属酶分子设计的理想蛋白质骨架，备受研究者的青睐[6]。除第 2 章和第 4 章介绍的含 Fe 或 Cu 人工氧化还原金属酶外，也有用于结合 Zn^{2+} 构建人工水解酶的研究报道。例如，Kuhlman 等[7] 运用从头设计的方法，在构建 α 螺旋的过程中，发现所设计的 α 螺旋会发生二聚现象，形成四股 α 螺旋束。晶体结构表征发现，二聚体分子间隙中的 6 个组氨酸可结合 2 个 Zn^{2+}，形成金属结合蛋白，命名为 Zn（Ⅱ）-MID1 [图 6.4（a）]。他们观察到这一金属结合蛋白与天然水解酶的催化中心存在一定的类似性，即蛋白内部存在一个开放的 Zn（Ⅱ）配位位点和一定大小的疏水性空腔。因此，对 Zn（Ⅱ）-MID1 催化底物 4-NPA 水解的活性进行了测试，结果显示其催化效率较高 [k_{cat}/K_M=630L·(mol·s)$^{-1}$]，是性能非常优越的人工水解酶。

通过氨基酸定点突变研究还发现：若将其中 Zn（Ⅱ）的一个组氨酸用谷氨酸替换（H12E 或 H35E），或去除 Zn（Ⅱ）形成 Apo-MID1，结果都会导致水解催化效率显著降低。原因在于，H12E 或 H35E-MID1 中 Zn（Ⅱ）可

能形成了 N_2O_2 四配位结构，从而失去了开放位点；而在没有结合 Zn（Ⅱ）状态下，二聚体结构可能发生变化，且空隙间的 His 不能有效催化水解反应的发生。因此可见，Zn^{2+} 金属中心及其开放位点对于维持蛋白的催化功能至关重要。

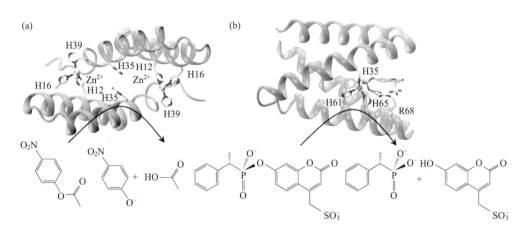

图 6.4　基于四股 α 螺旋束设计的人工金属酶

（a）人工金属酶 Zn（Ⅱ）-MID1（PDB 编码 3V1C）的晶体结构及其催化水解示意图；
（b）MID1sc10（PDB 编码 5OD1）的晶体结构及其催化水解示意图

Studer 等[8]将形成四股 α 螺旋束的二聚体的 *N*- 端和 *C*- 端融合，形成单链（single-chain，sc），可以提高其稳定性，进而将其中 Zn（Ⅱ）的一个组氨酸配体移除，构建出催化活性中心 Zn（Ⅱ）-（His）$_3$。所设计的人工金属酶称为 MID1sc10，表现出高催化效率 [k_{cat}/K_M 约为 10^6 L·(mol·s)$^{-1}$] 和高立体选择性（*S* 构型 /*R* 构型 =1000）的水解能力。通过与底物类似物形成复合物的晶体结构解析揭示，二聚体中的 His35、His61 和 His65 作为 Zn^{2+} 的配体 [图 6.4（b）]。而且，活性中心的精氨酸 Arg68 可以通过双氢键作用，稳定具有离子型的催化过渡状态，为水解催化机制提供了重要信息。

6.2.3 基于天然锌指蛋白

与天然含 Zn(Ⅱ) 水解酶不同的是，天然锌指蛋白 ZFP 虽然含有 Zn(Ⅱ)，但不具有开放的配位位点 [如具有 Cys_2His_2 配位结构，图 6.5（a），PDB 编码 1SP1[9]]，因此没有催化功能，只起到稳定蛋白结构和调节蛋白功能的作用等。然而，锌指蛋白具有保守的结构特征，为人工金属酶的分子设计提供了很好的蛋白质骨架。例如，Srivastava 等[10]运用计算机模拟，优化出能折叠成锌指结构的 21~22 个氨基酸肽链序列，结合采用固相合成法（solid-state peptide synthesis）进行制备而成。分子模拟显示，所设计蛋白包含一个 α 螺旋和两个 β 折叠，同时具有一个催化活性中心 Zn(Ⅱ)-(His)$_3$ [图 6.5（b）]。水解催化活性测试结果显示：该人工水解酶的催化效率（k_{cat}/K_M）为 1.12~2.85L·(mol·s)$^{-1}$，与基于三股 α 螺旋束设计的人工金属酶催化效率相当，优于已报道的含 Zn(Ⅱ) 大环胺类金属配合物的催化活性。

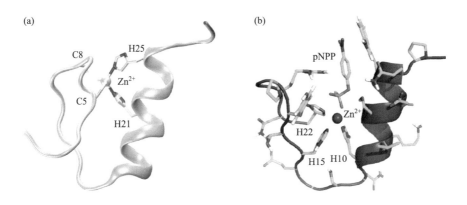

图 6.5 基于天然锌指蛋白设计人工水解酶

(a) 典型的锌指蛋白金属中心配位结构（PDB 编码 1SP1）；(b) 计算机模拟的基于锌指蛋白设计的人工水解酶结合底物 4-硝基苯磷酸盐（pNPP）示意图

6.2.4 基于其他天然含锌酶

为了设计新型人工水解酶，Baker 等[11]对蛋白质数据库中含有催化开放位点、能够执行路易斯酸功能的含锌蛋白质进行筛选，选定了一种含锌腺苷脱氨酶（adenosine deaminase）（PDB 编码 1A4L，图 6.6）。进而使用 RosettaMatch 软件，针对磷酸酯底物 DECP（diethyl 7-hydroxycoumarinyl phosphate）的结合，对其活性中心进行结构优化，分别考虑至少与亲核基团羟基、磷酸基团，或与离去基团中的氧原子形成两个氢键，以及需要满足水解过渡态构型互补等条件，确定了一系列氨基酸位点进行突变，包括 S57D、Q58V、P59K、I62L、E186D、V218F 和 V299E，最终构建了具有高水解效率的人工水解酶 Zn-PT3.3 [k_{cat}/K_M=9750L·(mol·s)$^{-1}$±1534L·(mol·s)$^{-1}$]。研究结果说明，利用计算机辅助蛋白质分子设计，可以将含锌脱氨酶转变为一种磷酸酯酶。

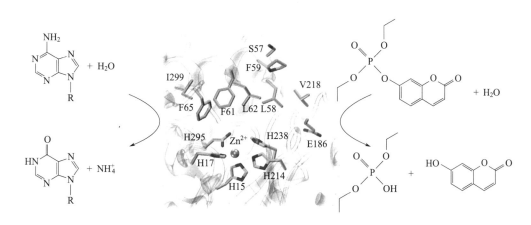

图 6.6　一种含锌腺苷脱氨酶活性的晶体结构（PDB 编码 1A4L）及其催化功能

左：天然酶功能——催化脱氨反应（R：核糖）；右：人工酶功能——催化磷酸酯水解反应

6.2.5　基于蛋白质/多肽组装界面

除利用蛋白质骨架进行人工金属酶分子设计外，还可以利用蛋白质分子组装形成的界面，设计具有催化活性的金属结合位点。例如，Tezcan 等[12]通过界面金属配位的设计，构建具有四股 α 螺旋的细胞色素 b_{562} 的组装体。如图 6.7 所示，在其四聚体的界面，设计有结构型的 Zn^{2+} 结合位点（3-His-1-Asp）

和催化型的 Zn^{2+} 结合位点（2-His-1-Glu-1-H_2O），以及分子间的二硫键 Cys96-Cys96'，在维持组装体的四级结构以及水解活性中发挥重要的作用，可以分别催化水解 4-NPA 和氨苄西林（ampicillin，一种 β-内酰胺类抗生素），催化效率 k_{cat}/K_M 分别为（180±90）L·(mol·s)$^{-1}$ 和 36L·(mol·min)$^{-1}$。而且该组装体在大肠杆菌中也表现出 β-内酰胺水解活性，因而使得细菌在抗生素氨苄西林存在下仍然能够生存。这一研究也说明通过在蛋白-蛋白界面设计多金属结合位点，可以创造新的金属蛋白组装体，而且能在生物体内发挥人工金属酶的催化功能。

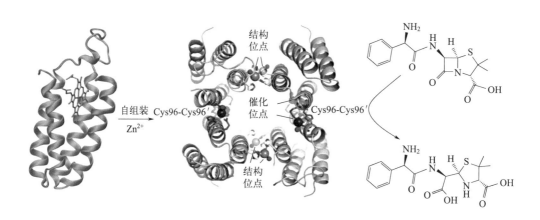

图 6.7 细胞色素 b_{562} 分子组装形成四聚体的晶体结构（PDB 编码 4U9E），两种类型的 Zn^{2+} 结合位点的配位状态以及催化氨苄西林水解反应示意图

与蛋白分子组装相比，多肽分子组装研究相对较多，可以形成具有特定结构的组装体，如形成淀粉纤维（amyloid fibrils）等。同样，这些组装体也可以用于设计金属结合位点，从而构建人工金属酶。例如，Korendovych 等[13]设计短肽（7 个氨基酸）进行分子自组装，形成类似淀粉状纤维，在 Zn^{2+} 存在条件下，可以有效催化 4-NPA 水解（图 6.8）。通过进一步在 Zn^{2+} 结合位点附近（如第 6 位）引入天冬酰胺，序列为 IHIHIQI，自组装后形成纤维的催化效率可达（360±30）L·(mol·s)$^{-1}$，高于同样质量的天然碳酸酐酶 CAⅡ。

这一研究也进一步说明纳米生物结构可以用于设计具有多活性中心的人工水解酶。

图6.8 短肽的分子自组装形成淀粉状纤维及其催化 4-NPA 水解示意图

6.3 人工核酸酶

原卟啉Ⅸ（protoporphyrin Ⅸ）是常用的光敏剂，尤其是其锌的配合物 Zn-卟啉（zinc protoporphyrin，ZnPP）。Lepeshkevich 等[14]报道用 Zn-卟啉替换肌红蛋白 Mb 中的血红素辅基，获得的人工金属蛋白 ZnPP-Mb 在光照下，会产生单线态氧（$^1O_2$），其量子产率为 0.9±0.1。由于单线态氧是参与核酸 DNA 切割反应的重要活性氧物种（reactive oxygen species，ROS），由此可知 ZnPP-Mb 具有一定的 DNA 切割性能。

为了进一步设计具有光调控功能的人工 DNA 切割酶，我们对 Mb 的血红素中心进行了重新设计，分别引入 His43 和进行 H64A 突变，用于产生通往活性中心的小分子通道，进而使用 ZnPP 对血红素辅基进行替换，由此构建了结合有 Zn-卟啉的双突变体蛋白 ZnPP-F43H/H64A Mb［图6.9（a）][15]。研究发现，该人工金属酶在 400～420nm 光照下，可以产生羟基自由基（·OH）和 $^1O_2$ 等活性氧物种，具有非常优越的光调控 DNA 切割酶活性，在 37℃时，1.5 小时后的 DNA 切割率＞95%[图 6.9（b）]。

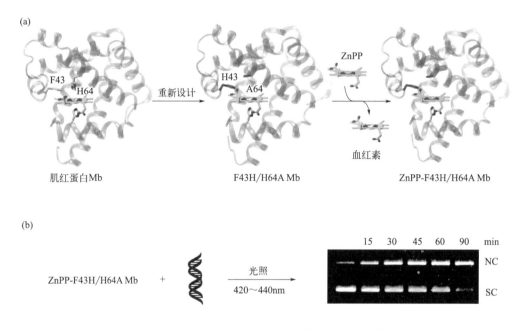

图 6.9　基于 Mb 分子设计人工核酸酶及其催化功能

（a）重新设计血红素活性中心以及进行配体交换；（b）光照产生 DNA 切割性能示意图

6.4　含 Zn 的人工 Diels-Alder 加成酶

Diels-Alder 加成反应在天然产物合成方面有着广泛的应用[16]。由于自然界中的天然酶很少能催化分子间的 DA 反应，设计与合成人工 Diels-Alder 加成（DA 加成）酶具有重要的意义和广泛的应用前景。正如在第 5 章第 5.4 节介绍，利用 Cu（Ⅱ）-配合物与蛋白质重组获得的人工金属酶，可以催化分子间 DA 反应，如环戊二烯与氮杂查尔酮（azachalcones）加成（对映体过量值 35%～98%）等，但是该反应非常慢，通常需要数天时间。目前，很多人工

DA 加成酶都是基于金属铜配合物与蛋白质重组，而利用其他过渡金属元素设计人工金属酶催化分子间 DA 反应相对较少。

2021 年，Hilvert 等[17]对基于四股 α 螺旋束设计的人工水解酶 MID1sc10 进行进一步分子设计，首先使用 Rosetta 预测发现，位于 Zn（Ⅱ）结合位点两侧的 E32L 和 K68W 点突变会提高底物的结合并稳定反应过渡态，由此构建了突变体 DA0；在此基础上，使用定向进化，进行了数轮优化后，获得具有高催化活性的突变体 DA7（含有 12 个点突变，如 H35C 等）。如图 6.10 所示，DA7 可以催化氮杂查尔酮和 3-乙烯吲哚发生 DA 加成反应，生成产物（4R,6R）-3,4-dihydro-2H-pyran，选择性＞99%。其催化能力（catalytic proficiency）（[k_{cat}/（$K_{M,1}K_{M,2}$）]/k_{buffer}）高达 $2.9×10^{10}$ L·mol^{-1}，优于之前所有表征的 DA 加成酶和一些天然酶。其优越的性能主要归功于高的 k_{cat}/k_{buffer} 比值以及底物 1 和 2 与人工金属酶的高结合能力（$K_{M,1}$=82μmol·L^{-1}；$K_{M,2}$=160μmol·L^{-1}）。这一研究也说明，基于 4-股 α 螺旋束设计的人工金属酶可以执行高效的路易斯酸催化，催化 DA 加成反应，也有可能用于其他具有类似反应机理的生物转化。

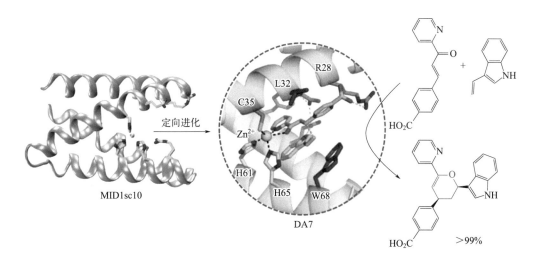

图 6.10 基于四股 α 螺旋束设计的人工金属酶 Zn（Ⅱ）-DA7 催化 DA 加成反应示意图

6.5 小结

由于天然含锌酶的生物功能主要是水解酶的功能，因此很多含锌人工金属酶是围绕水解酶催化功能进行分子设计，后者可以作为模型反应，用来考察蛋白质分子设计成功与否。一系列人工水解酶基于不同的蛋白质骨架进行分子设计，包括三股α螺旋、四股α螺旋、天然锌指蛋白或含锌酶，以及蛋白或多肽组装等，从而具有不同催化性能与应用。甚至可以利用膜蛋白进行人工水解酶分子设计，如Song等[18]在具有桶状外膜蛋白（outer membrane protein，OmpF）的内侧构建了Zn^{2+}结合位点，能催化水解糖苷键，具有类似天然糖苷酶（glycosidase）催化活性。

而且，鉴于ZnPP的光敏特性，可以设计与构建具有光调控功能的人工DNA切割酶。最近研究显示，ZnPP与脱辅基血红蛋白（apoHb）重组后，再与人血清白蛋白（human serum albumin，HSA）交联，形成复合物$ZnPPHb-HSA_3$，在肿瘤附近可以释放ZnPP进入细胞膜，具有光动力治疗（photodynamic therapy，PDT）效果[19]。

此外，还可以设计与构建新型含锌人工金属酶，拓展其催化功能范围，如催化Diels-Alder加成反应。因此，设计具有不同催化功能的含锌人工金属酶仍是人工金属酶研究领域重要的研究方向之一，特别是设计与构建在生物体中具有催化活性的人工水解酶，具有纳米生物结构和催化活性的人工水解酶，以及具有光调控功能的人工核酸酶等，在生物医学等领域具有一定的应用前景。

参考文献

[1] Fisher S Z, Kovalevsky A Y, Domsic J F, et al. Neutron structure of human carbonic anhydrase Ⅱ: Implications for proton transfer [J]. Biochemistry, 2010, 49（3）:

415-421.

[2] Romier C, Dominguez R, Lahm A, et al. Recognition of single-stranded DNA by nuclease P1: High resolution crystal structures of complexes with substrate analogs [J]. Proteins: Structure, Function, and Bioinformatics, 1998, 32 (4): 414-424.

[3] Cangelosi V M, Deb A, Pecoraro V L, et al. A *de novo* designed metalloenzyme for the hydration of CO_2 [J]. Angew Chem Int Ed Engl, 2014, 53 (30): 7900-7903.

[4] Zastrow M L, Peacock A F A, Pecoraro V L, et al. Hydrolytic catalysis and structural stabilization in a designed metalloprotein [J]. Nat Chem, 2012, 4 (2): 118-123.

[5] Zastrow M L, Pecoraro V L. Influence of active site location on catalytic activity in *de novo*-designed zinc metalloenzymes [J]. J Am Chem Soc, 2013, 135 (15): 5895-5903.

[6] Tebo A G, Pecoraro V L. Artificial metalloenzymes derived from three-helix bundles [J]. Curr Opin Chem Biol, 2015, 25: 65-70.

[7] Der B S, Edwards D R, Kuhlman B. Catalysis by a *de novo* zinc-mediated protein interface: Implications for natural enzyme evolution and rational enzyme engineering [J]. Biochemistry, 2012, 51 (18): 3933-3940.

[8] Studer R A, Rodriguez-Mias R A, Haas K M, et al. Evolution of protein phosphorylation across 18 fungal species [J]. Science, 2016, 354 (6309): 229-232.

[9] Narayan V A, Kriwacki R W, Caradonna J P. Structures of zinc finger domains from transcription factor Sp1: Insights into sequence-specific protein-DNA recognition * [J]. J Biol Chem, 1997, 272 (12): 7801-7809.

[10] Srivastava K R, Durani S. Design of a zinc-finger hydrolase with a synthetic αββ protein [J]. PLoS One, 2014, 9 (5): e96234.

[11] Khare S D, Kipnis Y, Baker D, et al. Computational redesign of a mononuclear zinc metalloenzyme for organophosphate hydrolysis [J]. Nat Chem Biol, 2012, 8 (3): 294-300.

[12] Song W J, Tezcan F A. A designed supramolecular protein assembly with in vivo enzymatic activity [J]. Science, 2014, 346 (6216): 1525-1528.

[13] Rufo C M, Moroz Y S, Korendovych I V, et al. Short peptides self-assemble to produce catalytic amyloids [J]. Nat Chem, 2014, 6 (4): 303-309.

[14] Lepeshkevich S V, Parkhats M V, Stasheuski A S, et al. Photosensitized singlet oxygen luminescence from the protein matrix of Zn-substituted myoglobin [J]. J Phys Chem A, 2014, 118 (10): 1864-1878.

[15] Shi Z H, Du K J, He B, et al. Photo-induced DNA cleavage by zinc-substituted myoglobin with a redesigned active center [J]. Inorg Chem Front, 2017, 4 (12): 2033-2036.

[16] Nicolaou K C, Snyder S A, Montagnon T, et al. The Diels-Alder reaction in total

synthesis [J]. Angew Chem Int Ed, 2002, 41 (10): 1668-1698.

[17] Basler S, Studer S, Hilvert D, et al. Efficient Lewis acid catalysis of an abiological reaction in a *de novo* protein scaffold [J]. Nat Chem, 2021, 13 (3): 231-235.

[18] Jeong W J, Song W J. Design and directed evolution of noncanonical β-stereoselective metalloglycosidases [J]. Nature Commun, 2022, 13 (1): 6844.

[19] Yamada T, Katsumi M, Ishii K, et al. Zinc-substituted hemoglobin–albumin cluster as a porphyrin-carrier for enhanced photodynamic therapy [J]. Chem Asian J, 2024, 19 (11): e202400257.

第 7 章

含锰（Mn）人工金属酶设计及应用

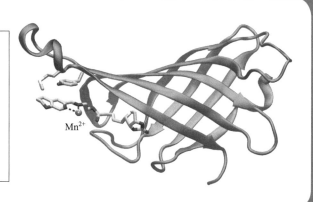

本章目录

7.1 含锰天然酶简介

7.2 人工 Mn- 过氧化物酶

7.3 人工 Mn- 氧化酶

7.4 人工 Mn- 氢化酶

7.5 小结

参考文献

7.1 含锰天然酶简介

锰是地壳中含量排第三位的过渡金属（依次低于 Fe 和 Ti），是人体必需的微量元素之一，具有重要的营养作用，与生长和代谢等生理过程密切相关。自然界存在多种含锰天然酶，如锰超氧化物歧化酶（Mn-SOD）、锰过氧化物酶（Mn peroxidase，MnP）和锰过氧化氢酶（Mn catalase，MnCAT）等。锰超氧化物歧化酶形成四聚体结构，每一个单体含有一个 5- 配位的金属锰离子，配体分别由 3 个 His、1 个 Asp 和 1 水分子构成（图 7.1，PDB 编码 2P4K）[1]。谭相石等[2]系统研究了天然 Mn-SOD 对金属离子的依赖性及其结构与功能关系。对于 Mn-SOD 模型化合物研究，研究者合成了一系列锰的金属配合物，包括锰的环胺配合物 Mn(Ⅱ)-cyclic polyamine 和席夫碱配合物 Mn(Ⅲ)-Salen 等（图 7.2），虽然这些化合物具有一定的药理作用和治疗潜力，但其生物安全性有待深入研究[3]。

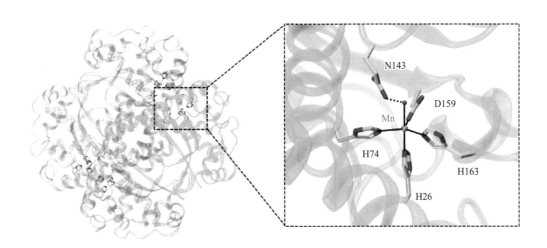

图 7.1 天然 Mn-SOD 晶体结构及其活性中心配体结构

锰过氧化物酶 MnP 具有血红素 -Mn 双金属中心［图 7.3（a），PDB 编码 1MNP[4]］，其中血红素的一个丙酸根、蛋白肽链中的 Glu35、Glu39、Asp186

以及两个水分子作为 Mn^{2+} 的配体，形成八面体配位构型。其血红素活性中心在 H_2O_2 存在条件下，形成活性物种，催化 Mn^{2+} 氧化为 Mn^{3+}。锰过氧化氢酶 MnCAT 具有六聚体结构，每个单体含有双金属锰离子，被两个水分子桥联[图7.3（b），PDB 编码 1JKU[5]]，催化 H_2O_2 分解为 H_2O 和 O_2。两者在生物体内均发挥重要的作用。

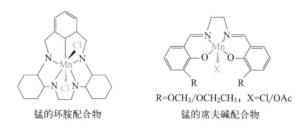

图 7.2　Mn-SOD 模型化合物的化学结构

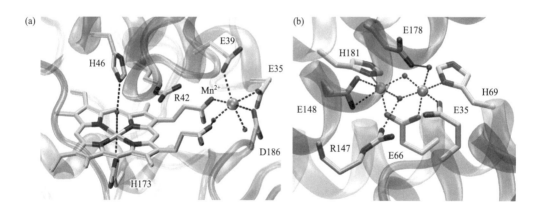

图 7.3　含锰天然酶晶体结构及其活性中心配位状态

（a）天然锰过氧化物酶 MnP 的晶体结构；（b）天然锰过氧化氢酶 MnCAT 的晶体结构

7.2　人工 Mn- 过氧化物酶

对于具有异源 - 双核金属中心（锰 - 血红素）的 MnP，很难通过在大肠杆菌（E. coli）中进行表达，获得大量全酶（holo-enzyme）分子，因而限制了天然酶的广泛应用。Mauk 等[6]开创性地利用马心肌红蛋白 Mb 作为蛋白设计骨架，通过将其表面的两个精氨酸（Lys45 和 Lys63）用天冬氨酸（Glu）进行替换，发现所构建的双突变体蛋白 K45E/K63E Mb 可以结合 Mn^{2+}。晶体结构解析显示，Glu45 的羧基和血红素的 6 位丙酸根，以及两个水分子直接配位到所结合的 Mn^{2+} [图 7.4（a），PDB 编码 1NZ5]。此外，晶体中相邻的一个蛋白分子中的组氨酸 His113 也会参与 Mn^{2+} 的配位（蛋白溶液 His113 可能会被水分子取代），进而形成六配位结构。催化活性测试结果显示，突变体 K45E/K63E Mb 氧化 Mn^{2+} 以及过氧化物酶底物如 ABTS 的速率较 WT Mb 提高了 3 倍左右。值得一提的是，具有金属离子结合位点的 F46C-mBpy Mb [第 5 章图 5.6（b）]，其金属离子 - 血红素中心与 MnP 类似，也具有 MnP 催化活性，其催化速率约是 WT Mb 的 7 倍。

受天然 MnP 结构特征的启发，Lu 等[7]利用细胞色素 c 过氧化酶（Cyt c peroxidase，CcP）作为蛋白设计骨架，在其血红素附近构建了三个氨基酸突变（G41E/V45E/H181D），可以结合 Mn^{2+}，因此将其命名为 MnCcP。在后续的研究中，Lu 等[8]又设计出一种新突变体蛋白，保留了其中 V45E，同时选择了另外两个位点 Asp37 和 His118，分别用谷氨酸进行替换，将这种新的三突变体蛋白 D37E/V45E/H118E CcP 定义为 MnCcP.1 版本。而且解析了结合 Mn（Ⅱ）的晶体结构，如图 7.4（b）所示（PDB 编码 5D6M[9]）。

为了进一步提高 Mn^{2+} 的结合力以及蛋白的过氧化物酶催化活性，Lu 等[9]对 Mn（Ⅱ）中心的次级配位层进行了一系列优化，包括设计氢键、盐键以及位阻效应等。例如，通过 Y36F、K179R 和 Y36F/K179R/I40G 突变，构建了一系列 MnCcP.1 衍生物，可以提高其氧化 Mn^{2+} 的速率。而且，这些人工 MnP 酶能够催化碳 - 碳键断裂，降解经过碱处理的木质素或其模型化合物，如愈创木酚基甘油 -β- 愈创木基醚等 [图 7.4（c）]。

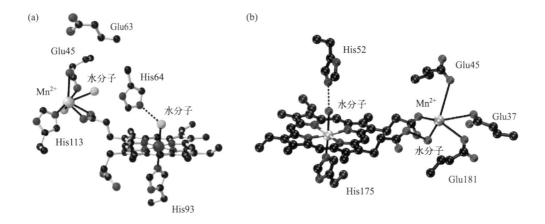

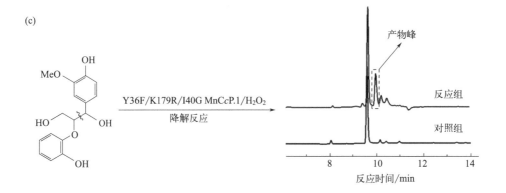

图 7.4 人工 MnP 酶分子设计及其催化功能

（a）基于马心 Mb 设计的结合 Mn^{2+} 的人工 MnP 酶的晶体结构（PDB 编码 1NZ5）；（b）基于 CcP 设计的结合 Mn^{2+} 的人工 MnP 酶 MnCcP.1 的晶体结构（PDB 编码 5D6M）；（c）MnCcP.1 衍生物催化愈创木酚基甘油-β-愈创木基醚降解及产物检测示意图

同样，Goodin 等[10]选择 CcP 作为蛋白设计骨架，但是选择了其中的 Val45 以及另外两个不同的位点（Asp37 和 Pro44），构建了三突变体蛋白 D37E/P44D/V45D CcP，将其命名为 MP6.8。研究表明，该蛋白结合 Mn^{2+} 的 K_d 约为 $0.2 mmol \cdot L^{-1}$，而且其氧化能力有所提升。

此外，Mester 和 Tien[11]利用一种木质素过氧化物酶作为蛋白设计骨架，通过构建三突变体 A36E/N182D/D183K，设计了 Mn^{2+} 结合位点，研究显示该人工金属酶可以有效氧化 Mn^{2+} 和二甲氧基苄醇，其催化活性与天然 MnP 酶相当。

这些研究说明，人工锰过氧化物酶在生物降解纤维类废弃物，以及生物质能源的重新利用等方面，将具有一定的应用前景。

7.3　人工 Mn-氧化酶

锰配合物具有多种催化功能。相比于 Fe-卟啉，Mn-卟啉具有不同的催化特性。使用 Mn-卟啉（MnP）替换血红素辅基，可以获得性质优越的人工金属酶。例如，张俊龙等[12]研究发现，当 Mn-卟啉重组到 L29H/F43H Mb 突变体蛋白中（图 7.5），其活性中心的三个远端组氨酸（His29、His43 和 His64）具有协同作用，有助于 O—O 键的异裂（如氧化剂 Oxone，$2KHSO_5 \cdot KHSO_4 \cdot K_2SO_4$），产生催化物种 $Mn^{IV}=O^{+\cdot}$，后者可以高效地进行苯乙烯的环氧化反应，催化效率可达 $48 \times 10^{-3} min^{-1}$。对比实验显示，结合血红素的 L29H/F43H Mb 和结合 Mn-卟啉的 WT Mb 催化效率分别为 $15 \times 10^{-3} min^{-1}$ 和 $5.4 \times 10^{-3} min^{-1}$，从而进一步说明金属中心的关键作用以及远端组氨酸的调控功能。Shoji 等[13]将 Mn-卟啉重组到细胞色素 P450BM3 中，可以活化分子 O_2，催化不同底物的单加氧反应。

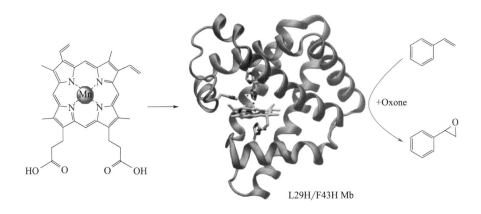

图 7.5　MnP 与脱辅基 L29H/F43H Mb 突变体蛋白重组后催化苯乙烯的环氧化反应

Hayashi 等[14]将血红素卟啉环类似的锰配合物 Mn-porphycene（Mn-Pc）和脱辅基 Apo-Mb 进行重组（图7.6）。所构建的人工金属酶（PDB 编码 5YL3）在 H_2O_2 存在条件下，可以催化苯乙烷的羟基化反应（pH=8.5 时，TON=13）。顺磁波谱表征揭示，羟基化反应能够进行是由于形成了催化活性中间体 Mb[Mn^V(O)Pc]。进一步研究[15]发现，Mn^V-O 物种可以催化 4-乙基苯磺酸钠羟基化反应，室温下反应速率常数为 2.0L·(mol·s)$^{-1}$。底物键的解离能越高，反应速率越低，揭示攫氢反应（H-abstraction）是决速步骤。需要强调的是，Mn-Pc-Mb 催化苯乙烷羟基化的立体选择性较低，产物为 S 构型（对映体过量值 17%）。为提高其立体选择性，Hayashi 等[16]进一步利用分子动力学模拟，优化其活性中心氨基酸分布，通过对 21 个突变体进行筛选，发现 Mn-Pc-F43A/H64I/V68F Mb 和 Mn-Pc-F46L/H64A Mb 的催化产物具有最高的立体选择性，分别为 S 构型（对映体过量值 69%）和 R 构型（对映体过量值 57%）。

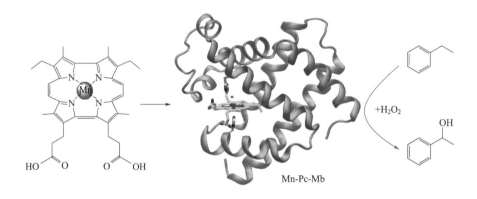

图 7.6　Mn-Pc 与 Apo-Mb 重组后催化苯乙烯羟基化反应

鉴于席夫碱 Salophen/Salen 配体与血红素辅基的类似性，可以使用脱辅基 Apo-Mb 进行重组，构建人工金属酶（见第 1 章第 1.3 节，引入非天然辅基）。Watanabe 等[17]建立了非共价结合方法，将 Mn-Salophen 配合物与 Apo-Mb 重组，同时将分子中 Ala71 用甘氨酸 Gly 进行替换，消除侧链甲基与配合物之间的位阻，提高人工辅基与蛋白空腔结合的稳定性［图 7.7（a），PDB 编码 1V9Q］。除组氨酸 His93 的配位作用外，Phe43/Ile99/Leu89 和配合物苯环之间的疏水作用，进一步稳定了人工辅基的结合。所构建的人工金属酶 Mn-Salophen-Apo-A71G Mb 表现出过氧化酶（peroxygenase）催化活性。将其远端 His64 用天冬氨酸 Asp 替换后，可进一步提高底物结合和催化活性[17]。此外，将 Mn-Salen 配合物重组到脱辅基 Apo-H64D/A71G Mb 后，所构建的人工金属酶 Mn-Salen-Apo-H64D/A71G Mb 表现出立体选择性氧化苯硫醚催化活性。而且，受 107 位异亮氨酸的位阻效应的影响，Salen 配体 3- 和 3′- 位的取代基大小会改变氧化产物的立体选择性［图 7.7（b）］。例如，用甲基取代时，氧化产物为 S 构型（对映体过量值 32%），而用正丙基（n-propyl，n-Pr）取代后，氧化产物为 R 构型（对映体过量值 13%）[17]。研究结果表明，催化的立体选择性可以通过调控人工辅基与蛋白肽链之间的弱相互作用进行调控。

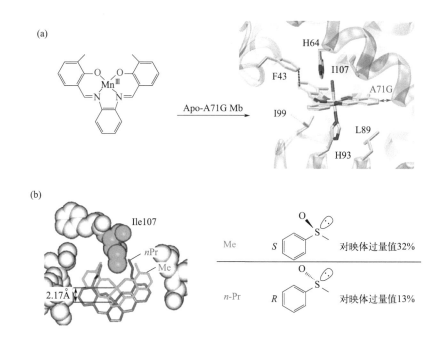

图 7.7 基于 Mn-Salophen/Salen 配合物与 Apo Mb 突变体重组构建人工金属酶及其催化功能

（a）Mn-Salophen 配合物与 Apo-A71G Mb 重组及其晶体结构活性中心配位状态；（b）Mn-Salen 配合物与 Apo-H64D/A71G Mb 重组及不同取代基对苯硫醚氧化产物立体选择性的影响

血清蛋白具有较大的蛋白空腔，易于结合体积较大的金属配合物，是构建人工金属酶的理想蛋白质骨架。Gross 等[18]选择双磺酸取代的 Mn(Ⅲ)-咔咯（corrole）配合物作为人工辅基，与牛血清白蛋白（bovine serum albumin，BSA）进行重组（图 7.8）。同时，使用配合物 [Ru^{Ⅱ}(bpy)$_3$]$^{2+}$ 作为光敏剂，在可见光（450nm）激发下，Mn(Ⅲ)-corrole-BSA 复合物能与水发生反应，通过氧转移反应，生成高价 Mn^{Ⅳ}-oxo 物种。通过进一步使用配合物 [Co^{Ⅲ}(NH$_3$)$_5$Cl]$^{2+}$ 作为电子受体，Mn^{Ⅳ}-oxo 物种能够立体选择性氧化苯硫醚，生成 R 构型亚砜产物（对映体过量值 12%～16%）。该催化体系具有独特的优势：不需要使用任何化学氧化剂，仅利用可见光即可在水溶液中实现底物的氧化。

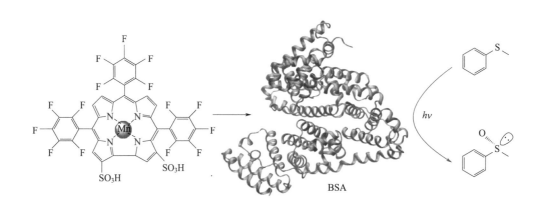

图 7.8　金属配合物 Mn(Ⅲ)-corrole 的化学结构及其与牛血清白蛋白
（BSA）重组后光催化苯硫醚不对称氧化

7.4　人工 Mn-氢化酶

自然界 Fe-氢化酶（[Fe]-hydrogenase）具有独特的金属辅基 FeGP[图 7.9(a)]，其中金属中心 Fe^{Ⅱ} 配体为吡啶酮的衍生物、两个 CO 分子、一个 Cys 以及一个水分子。Fe-氢化酶催化四氢甲烷蝶呤（H$_4$MPT）的可逆氢化反应

[图7.9（b）]。Hu等[19-20]研究发现，将Fe-氢化酶中的辅基FeGP去除，用金属Mn^I配合物[图7.9（a）]与脱辅基蛋白金属重组，所制备的人工Mn-氢化酶具有类似的催化活性。这些配合物含有—OH、能够烯醇化的—CH_2或三级胺—N基，可以作为内部碱来源，提高催化活性。

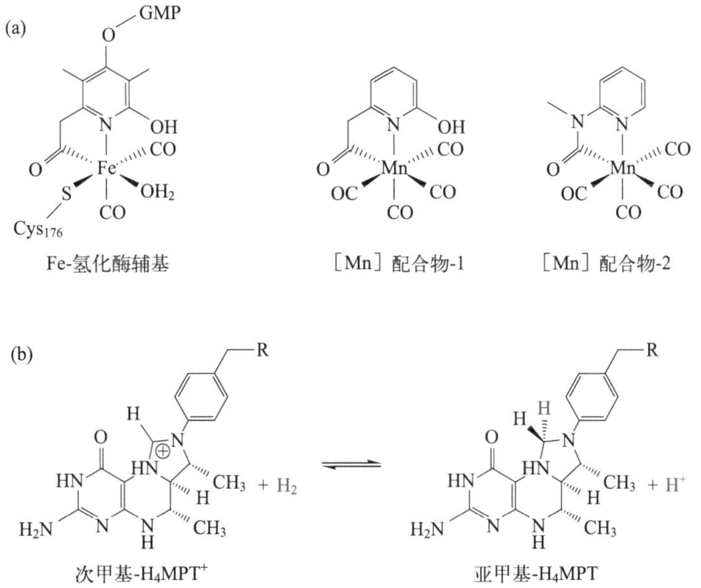

图7.9 天然和人工氢化酶辅基及其催化功能

（a）Fe-氢化酶活性中心辅基的配位状态及金属Mn-模型化合物的化学结构；（b）天然和人工氢化酶催化四氢甲烷蝶呤（H_4MPT）可逆氢化反应示意图

Ward等[21]选择生物素-链霉亲和素（biotin-streptavidin）体系，合成生物素Biot-Mn配合物，并将其与链霉亲和素突变体蛋白S112Y/K121M Sav进行重组（图7.10）。晶体结构（PDB编码8P5Y）显示，Biot-Mn配合物可以很好地结合于Sav的蛋白空腔中；理论计算结果显示，Tyr112的苯环与配合物的吡啶环之间存在π-π堆积作用，进一步提高配合物的稳定性。催化实验显示，该人工Mn-氢化酶Biot-Mn-S112Y/K121M Sav能够催化一系列酮类底物（如苯乙酮及其取代物）等发生氢化反应，可以达到95%～99%的产率和85%～98%

的对映体过量值。该催化反应具有 pH 敏感性，在 pH=10～11.5 才能发生反应（最佳 pH=11）。此时，Tyr112 可能处于去质子状态，可以作为布朗斯特碱（Brønsted base）在催化循环中促进质子的转移。使用 S112F 突变体重组后的人工金属酶只能获得 8% 的产率和 50% 的对映体过量值，进一步证明了 Tyr112 中的—OH 基团在催化反应中的重要性。

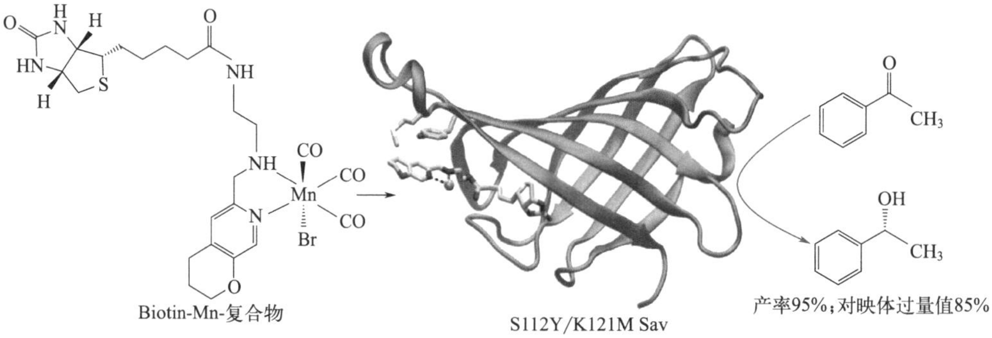

图 7.10　基于生物素-链霉亲和素体系设计人工 Mn-氢化酶及其催化反应示意图

7.5　小结

天然含锰金属酶含有单金属、双金属以及 Mn-卟啉等不同的活性中心，其配位原子多为 N 和 O 原子。受其结构特征和催化功能的启发，含锰人工金属酶及其模型化合物的设计主要集中在单金属 Mn^{2+} 中心的构建，以及不同 Mn-配合物与蛋白质骨架进行分子组装等。对于人工 Mn-过氧化物酶的设计，构建具有结合力高且与血红素中心距离适当的 Mn^{2+} 位点是成功的关键；而对于人工 Mn-氧化酶的设计，如何形成稳定的高活性 Mn^{IV}-oxo 或 Mn^{V}-oxo 物种则是成功的关键。例如，Degrado 等[22]通过从头设计了四股 α 螺旋，用含苯基的锰卟啉配合物与其重组，所构建的人工金属酶与氧化剂 $NaIO_4$ 反应，能形成较为稳定的 Mn^V-oxo 物种，可以催化苯甲硫醚氧化。此外，进一步优化活性中心的蛋白微环境，既可以调控人工 Mn-氧化酶，也可以调控人工 Mn-氢化酶的产物立体构型与选择性。目前，虽然具有光催化功能的人工 Mn-氧化酶体系取得了一些进展，但其催化效率及其立体选择性还有待进一步提高。而且，有关双金属 Mn^{2+} 中心的人工金属酶还未见文献报道。除上述主要催化功能以外的含锰人工金属酶，也是值得研究的重要方向之一。

参考文献

[1] Perry J J, Hearn A S, Cabelli D E, et al. Contribution of human manganese superoxide dismutase tyrosine 34 to structure and catalysis [J]. Biochemistry, 2009, 48 (15): 3417-3424.

[2] Li W, Wang H, Chen Z, et al. Probing the metal specificity mechanism of superoxide dismutase from human pathogen clostridium difficile [J]. Chem Commun (Camb), 2014, 50 (5): 584-586.

[3] Batinic-Haberle I, Reboucas J S, Spasojevic I. Superoxide dismutase mimics: Chemistry, pharmacology, and therapeutic potential [J]. Antioxid Redox Signal, 2010, 13 (6): 877-918.

[4] Sundaramoorthy M, Kishi K, Gold M H, et al. The crystal structure of manganese peroxidase from phanerochaete chrysosporium at 2.06-Å resolution [J]. J Biol Chem, 1994, 269 (52): 32759-32767.

[5] Barynin V V, Whittaker M M, Antonyuk S V, et al. Crystal structure of manganese catalase from lactobacillus plantarum [J]. Structure, 2001, 9 (8): 725-738.

[6] Hunter C L, Maurus R, Mauk M R, et al. Introduction and characterization of a functionally linked metal ion binding site at the exposed heme edge of myoglobin [J]. Proc Natl Acad Sci USA, 2003, 100 (7): 3647-3652.

[7] Yeung B K, Wang X, Lu Y, et al. Construction and characterization of a manganese-binding site in cytochrome *c* peroxidase: Towards a novel manganese peroxidase [J].

Chem Biol, 1997, 4(3): 215-221.

[8] Pfister T D, Mirarefi A Y, Lu Y, et al. Kinetic and crystallographic studies of a redesigned manganese-binding site in cytochrome c peroxidase [J]. J Biol Inorg Chem, 2007, 12(1): 126-137.

[9] Hosseinzadeh P, Mirts E N, Lu Y, et al. Enhancing Mn(Ⅱ)-binding and manganese peroxidase activity in a designed cytochrome c peroxidase through fine-tuning secondary-sphere interactions [J]. Biochemistry, 2016, 55(10): 1494-1502.

[10] Wilcox S K, Putnam C D, Goodin D B, et al. Rational design of a functional metalloenzyme: Introduction of a site for manganese binding and oxidation into a heme peroxidase [J]. Biochemistry, 1998, 37(48): 16853-16862.

[11] Mester T, Tien M. Engineering of a manganese-binding site in lignin peroxidase isozyme H8 from *Phanerochaete chrysosporium* [J]. Biochem Biophys Res Commun, 2001, 284(3): 723-728.

[12] Cai Y B, Yao S Y, Zhang J L, et al. Manganese protoporphyrin Ⅸ reconstituted myoglobin capable of epoxidation of the C=C bond with oxone[registered sign] [J]. Inorg Chem Front, 2016, 3: 1236-1244.

[13] Omura K, Aiba Y, Shoji O, et al. A P450 harboring manganese protoporphyrin Ⅸ generates a manganese analogue of compound Ⅰ by activating dioxygen [J]. ACS Catal, 2022, 12(18): 11108-11117.

[14] Oohora K, Kihira Y, Hayashi T, et al. C(sp^3)–H bond hydroxylation catalyzed by myoglobin reconstituted with manganese porphycene [J]. J Am Chem Soc, 2013, 135(46): 17282-17285.

[15] Oohora K, Meichin H, Kihira Y, et al. Manganese(Ⅴ) porphycene complex responsible for inert C–H bond hydroxylation in a myoglobin matrix [J]. J Am Chem Soc, 2017, 139(51): 18460-18463.

[16] Oohora K, Kagawa Y, Hayashi T, et al. Rational design of an artificial ethylbenzene hydroxylase using a molecular dynamics simulation to enhance enantioselectivity [J]. Chem Lett, 2024, 53(2): upad042.

[17] Ueno T, Koshiyama T, Watanabe Y, et al. Coordinated design of cofactor and active site structures in development of new protein catalysts [J]. J Am Chem Soc, 2005, 127(18): 6556-6562.

[18] Herrero C, Quaranta A, Gross Z, et al. Oxidation catalysis via visible-light water activation of a [Ru(bpy)$_3$]$^{2+}$ chromophore BSA–metallocorrole couple [J]. Dalton Trans, 2016, 45(2): 706-710.

[19] Pan H J, Huang G, Hu X L, et al. A catalytically active [Mn]-hydrogenase incorporating a non-native metal cofactor [J]. Nat Chem, 2019, 11(7): 669-675.

[20] Pan H J, Huang G, Hu X L, et al. Diversifying metal–ligand cooperative catalysis

in semi-synthetic [Mn]-hydrogenases [J]. Angew Chem Int Ed, 2021, 60 (24): 13350-13357.

[21] Wang W, Tachibana R, Ward T R, et al. Manganese transfer hydrogenases based on the biotin-streptavidin technology [J]. Angew Chem Int Ed, 2023, 62 (43): e202311896.

[22] Mann S, Nayak A, Degrado W F, et al. *De novo* design, solution characterization, and crystallographic structure of an abiological Mn-porphyrin-binding protein capable of stabilizing a Mn(V) species [J]. J Am Chem Soc, 2021, 143: 252-259.

第 8 章

含 4d/5d 过渡金属元素的人工金属酶设计与应用

	ⅥB	ⅦB		Ⅷ		
3d	Cr 铬	Mn 锰		Fe 铁	Co 钴	Ni 镍
4d	42 Mo 钼 $4d^55s^1$	Tc 锝	44 Ru 钌 $4d^75s^1$		45 Rh 铑 $4d^85s^1$	Pd 钯
5d	W 钨	Re 铼	76 Os 锇 $5d^66s^2$		77 Ir 铱 $5d^76s^2$	Pt 铂

本章目录

8.1 含金属钼（Mo）的人工金属酶

8.2 含金属钌（Ru）的人工金属酶

8.3 含金属铑（Rh）的人工金属酶

8.4 含金属锇（Os）的人工金属酶

8.5 含金属铱（Ir）的人工金属酶

8.6 小结

参考文献

8.1 含金属钼（Mo）的人工金属酶

在生物体中，过渡金属元素除了 Fe、Cu、Zn、Co 等第一过渡系（3d）元素外，钼（molybdenum，Mo）是唯一的第二过渡系（4d）金属元素，其价电子构型为 $4d^55s^1$。天然钼酶（molybdoenzymes）通常包含金属钼-吡喃蝶呤 [pyranopterin，图 8.1（a）] 以及铁硫簇、黄素腺嘌呤二核苷酸（flavin adenine dinucleotide，FAD）等辅基，如黄嘌呤氧化酶 [xanthine oxidase，图 8.1（b）]、亚硫酸盐氧化酶 [sulfide oxidase，图 8.1（c）]、醛氧化酶（aldehyde oxidase）、二甲亚砜还原酶 [dimethylsulfoxide reductase，图 8.1（d）] 以及硝酸盐还原酶（nitrate reductase）等[1-2]。这些钼酶分子量大、结构复杂，纯化困难，而且钼的价态多，因此研究其结构与功能相对困难，应用也受到限制。

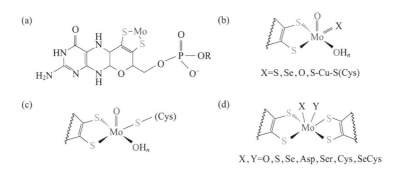

图 8.1 天然钼酶辅基配位结构

（a）钼-吡喃蝶呤辅基化学结构；（b）黄嘌呤氧化酶；（c）亚硫酸盐氧化酶；
（d）二甲亚砜还原酶中辅基的配位状态

基于天然钼酶的研究现状以及受其活性中心的启发，研究者尝试构建含钼人工金属酶及其模型化合物，取得了一些研究进展。例如，Moura 等[3] 选择红素氧还蛋白（rubredoxin，Rd）作为模型蛋白，后者是一种铁硫蛋白，存在一个保守的氨基酸序列——CX$_2$C—X$_n$—CX$_2$C——，与金属铁离子形成配位（图 8.2）。在还原条件下，通过酸化（如三氯乙酸，trichloroacetic acid，TCA）

方法可以制备脱辅基 Apo-Rd，进而结合不同的金属离子。通过引入 β-巯基乙醇钼酸盐（β-mercaptoethanol，β-ME）后，电子顺磁共振和拉曼光谱等研究表明，在 Mo-Rd 中形成了一个稳定的 Mo(Ⅵ)-(S-Cys)$_4$(O)(X)(X=—OH/—SR)中心，而且能促进亚砷酸盐（$As^{Ⅲ}O_3^{3-}$）氧化成砷酸盐（$As^VO_4^{3-}$），尽管与天然亚砷酸盐氧化酶相比，其效率较低。该研究说明，可以使用简单的金属取代方法，将单电子转移蛋白（Fe-Rd）转变为氧原子/双电子转移功能的人工金属酶（Mo-Rd）。

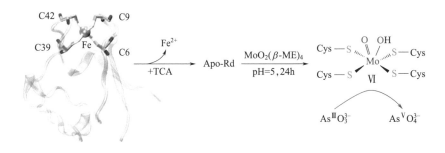

图 8.2　基于红素氧还蛋白 Fe-Rd（PDB 编码 1IRO[4]），使用金属离子替换方法构建含钼人工金属酶 Mo-Rd 及其催化亚砷酸盐氧化示意图

需要指出的是，上述研究没有报道 Mo-Rd 是否具有天然钼酶的催化活性。因此，设计和构建具有类似天然钼酶催化功能的人工钼酶仍然值得深入研究。其中，设计具有催化功能的钼配合物最为关键。为了探索钼配合物的硝酸盐还原功能，我们设计了具有低位阻含 S、N-配体，制备获得了其钼配合物 [图 8.3（a）和图 8.3（b）][5]。研究发现，该配合物可以催化硝酸盐还原为亚硝酸盐。而且，可以使用路易斯酸 Sc(Ⅲ)[Sc(OTf)$_3$] 作为一种辅助催化剂，后者可以通过活化硝酸盐中的 N—O 键，从而促进反应进行，提高催化效率（82.5%）。推测的可能催化机理如图 8.3（c）所示。该研究表明，钼配合物与路易斯酸协作，可以构成有效的钼催化剂系统，可以作为天然钼酶的功能性人工模型。

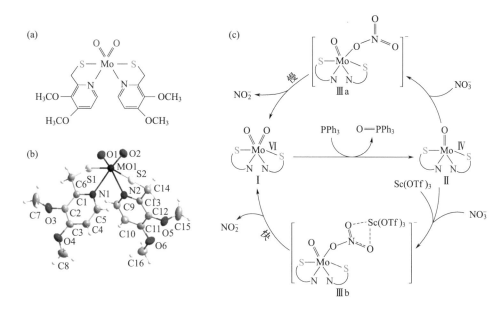

图 8.3 天然钼酶的模型配合物及其催化机理

（a）模型配合物的化学结构；（b）模型配合物的晶体结构（CCDC 编号 20181017）；（c）模型配合物催化硝酸盐还原至亚硝酸盐以及在 Sc(OTf)₃ 作为辅助催化剂下可能的催化机理[5]

8.2 含金属钌（Ru）的人工金属酶

位于元素周期表中ⅧB族第四周期（Ru、Rh、Pd）和第五周期（Os、Ir、Pt）六种元素统称为铂系元素。其中44号元素钌（Ru）的价电子构型为 $4d^75s^1$，其突出的特点是具有10种不同的价态，代表性化合物分别为 $[Ru^{-Ⅱ}(CO)_4]^{2-}$、$Ru^0(CO)_5$、$[Ru^ⅠCOBr]_n$、$[Ru^Ⅱ(bipy)_3]^{2+}$、$[Ru^Ⅲ(NH_3)_6]^{3+}$、$Ru^ⅣO_2$、$Ru^ⅤF_5$、$K_2Ru^ⅥO_4$、$KRu^ⅦO_4$ 以及 $Ru^ⅧO_4$。其中特别是 $Ru^Ⅱ$ 和 $Ru^Ⅲ$ 的配合物可以作为催化剂，具有高效、多样的催化活性以及较便宜的价格，备受研究者的关注，也是有机催化反应领域的研究热点之一。近十年，有关含Ru的人工金属酶的设计和研究取得了很多进展，可以催化不同类型反应，在有机合成、生物传感和生物医学等领域具有一定的应用前景。

8.2.1 在有机合成中的应用

烯烃闭环复分解反应（olefin ring-closing metathesis，OCM）反应，是一种广泛应用的具有选择性的反应，可以通过烯烃获得含有分子内C═C双键的化合物。在催化复分解反应的人工金属酶研究方面，不同的课题组选择使用一种钌卡宾配合物催化剂 [图 8.4（a），也称为第二代 Hoveyda-Grubbs 催化剂]，选择不同的蛋白质骨架和不同的重组方法，包括非共价作用或形成共价键等，构建了多种含钌人工金属酶 [图 8.4（b）～（e）][6]。

2011 年，Ward 等[7]将 Ru- 催化剂通过酰胺键共价连接到 D- 生物素 [图 8.4（b）]，进而利用后者与亲和素（avidin）之间的高亲和力（$K_d=10^{-14}$mol·L^{-1}），将 Ru- 催化剂重组到蛋白质骨架中。在优化后的实验条件下（酸性条件，0.5mol·L^{-1} MgCl$_2$），该人工金属酶可以催化 *N*- 甲苯磺酰基二烯丙胺（*N*-tosyl diallylamine，TDA）通过闭环复分解反应，生成 *N*- 甲苯磺酰 -3- 吡咯啉（*N*-tosyl-3-pyrroline），其催化转换数为 20[图 8.4（f）]。

Hilvert 等[8]选择一种 β- 桶状热休克蛋白 MjHSP[图 8.4（c）]，通过引入半胱氨酸（G41C），与溴代的 Ru- 催化剂进行共价连接，进而构建了人工 Ru- 金属酶，在 pH=2.0 条件下，该人工金属酶催化 TDA 的转换数为 25。

Hirota 等[9]选择一种糜蛋白酶（α-chymotrypsin），运用"特洛伊木马"共价连接法，使用谷氨酸将 Ru- 催化剂和一个疏水丝氨酸激酶底物肽进行了连接 [图 8.4（d）]。后者修饰了一个酰氯基团，用于与糜蛋白酶活性中 His57 进行共价连接。该人工金属酶可以在中性条件下，催化 TDA 发生闭环复分解反应，催化转换数为 4。

Ru- 卡宾配合物催化剂也可用于构建人工金属酶催化开环烯烃聚合反应（ring-opening olefin polymerization，ROMP）。例如，Okuda 等[10]利用马来酰亚胺与半胱氨酸加成方法，将该催化剂共价结合到一种 β- 桶状蛋白 FhuA 中（Cys545）[图 8.4（e）]。该人工金属酶可以催化降冰片烯（7-oxanorbornene）发生 ROMP 反应 [图 8.4（g）]，催化转换数大于 9000。

以上研究案例说明，第二代 Hoveyda-Grubbs 催化剂可与不同蛋白质骨架进行组装成人工金属酶，然而与 Ru-催化剂本身相比，其催化效率还有待进一步提升。因此，构建更高效的含 Ru-人工金属酶用于有机合成，仍值得深入研究。

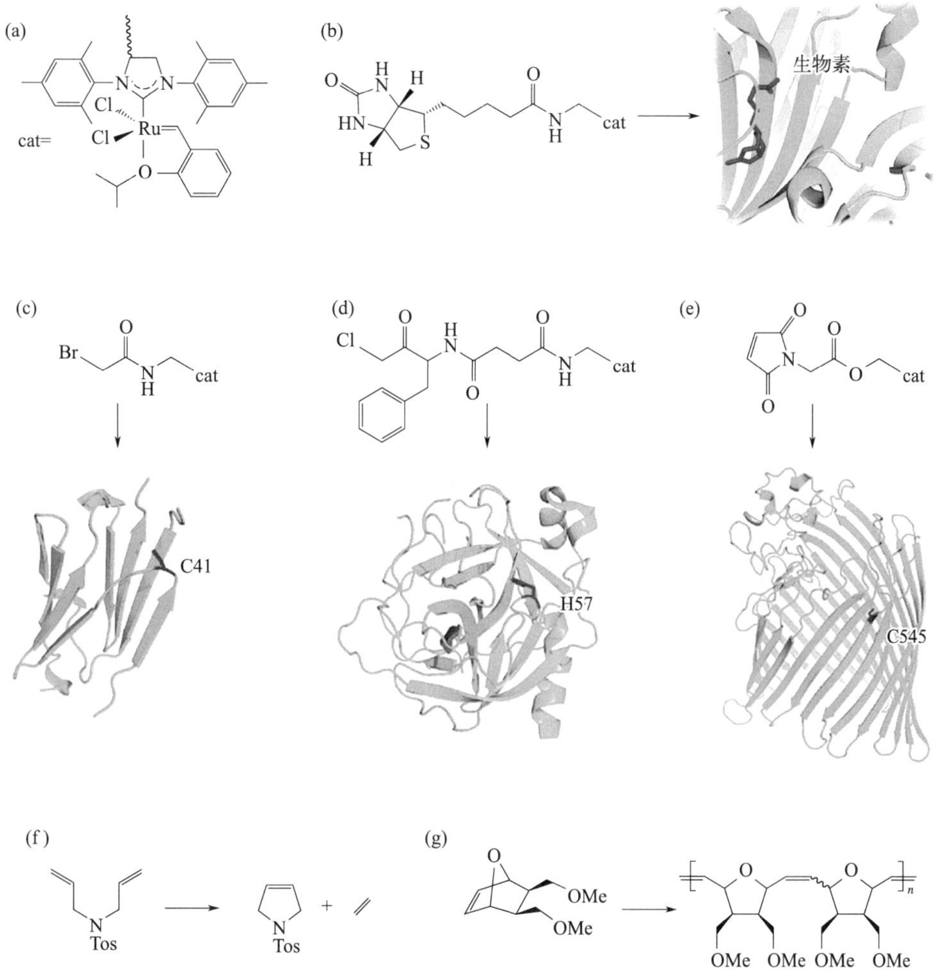

图 8.4 含钌人工金属的分子设计及其催化功能

（a）一种 Ru-卡宾配合物催化剂的化学结构式；（b）生物素偶联 Ru-催化剂与亲和素重组；（c）溴代 Ru-催化剂与热休克蛋白 MjHSP 共价结合；（d）底物肽修饰 Ru-催化剂与糜蛋白酶共价结合；（e）马来酰亚胺修饰 Ru-催化剂与 β-桶状蛋白 FhuA 共价结合；（f）上述 Ru-人工金属酶催化 TDA 发生闭环复分解的反应式；（g）上述 Ru-人工金属酶催化降冰片烯发生 ROMP 的反应式

8.2.2 在生物传感中的应用

基于催化有机合成反应的功能，Ru-人工金属酶在生物传感方面具有一定的应用前景，可以被开发成一种生物技术工具，用来快速检测生物代谢产物。无论是从科学角度还是从商业角度来看，用于诊断目的的酶生物传感器都具有重要的价值。然而，很多酶生物传感器的设计和开发都是基于天然酶，这在一定程度上也阻碍了酶生物传感器的发展。因此，利用人工金属酶有望设计出新型酶生物传感器，为通过天然酶难以检测的代谢物提供了机会。

例如，Tanaka 等[11]基于 Ru-人工金属酶，开发了能够用于检测植物激素乙烯气体的生物传感器。如图 8.5 所示，其基本设计思路是：利用白蛋白（albumin）作为蛋白质骨架，用于结合一种被荧光淬灭保护的 Ru-催化剂复合物。在乙烯存在的情况下，通过 Ru-催化剂的交叉复分解反应，可以去除淬灭剂，从而产生荧光信号。利用这种基于 Ru-人工金属酶的乙烯探针，对各种水果（如苹果、猕猴桃、梨、葡萄）和植物样本（如拟南芥）等进行了研究，证实了可以用来检测由于外源和内源引起的乙烯生物合成变化的能力等。例如，测试结果显示，在猕猴桃成熟过程中，其外果皮中乙烯生物合成通常呈现上升趋势。

8.2.3 在生物医学中的应用

目前，人工金属酶分子设计领域中值得重视的是在全细胞中构建 Ru-人工金属酶。例如，Ward 等[12]在大肠杆菌（E. coli）的细胞质中进行链霉亲和素（streptavidin, Sav）的表达，同时在其 N-端引入信号肽 OmpA，使得蛋白能够有效分泌到细胞质周质中[如图 8.6（a）所示]。通过在培养基中加入生物素偶联的 Ru-催化剂，可以重组成全蛋白四聚体。在二烯底物存在时，该人工金属酶可以催化发生分子内闭环复分解（ring-closing metathesis, RCM）反应[图 8.6（b）]。其中，对于产物 7-羟基香豆素（umbelliferone），可以使用 96 孔板快速检测其荧光特性，从而有助于筛选高效突变体蛋白，如 Sav 五突变体 V47A-N49K-T114Q-A119G-K121R 重组后的催化活性是野生型 Sav 的 5 倍，

第 8 章 含 4d/5d 过渡金属元素的人工金属酶设计与应用 | 177

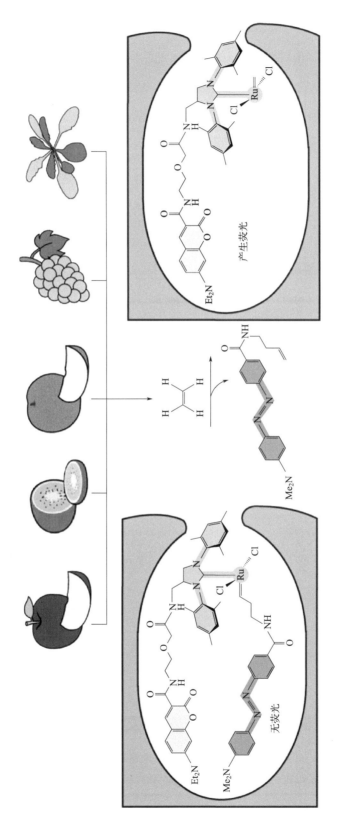

图 8.5　一种荧光保护的 Ru-催化剂结合于白蛋白空腔的示意图，及其与各种水果或植物样品中的乙烯发生交叉复分解反应产生荧光信号[11]

进一步揭示了金属中心周围微环境的调控作用。此外，通过在培养基中引入其他类似的生物素偶联 Ru- 催化剂，如（Biot-HQ）Cp-Ru，重组得到的人工金属酶可以催化脱烯丙基化反应（deallylation）[图 8.6（c）][13]。目前，还没有发现天然金属酶可以催化该反应，因此该人工金属酶具有一定的应用价值。

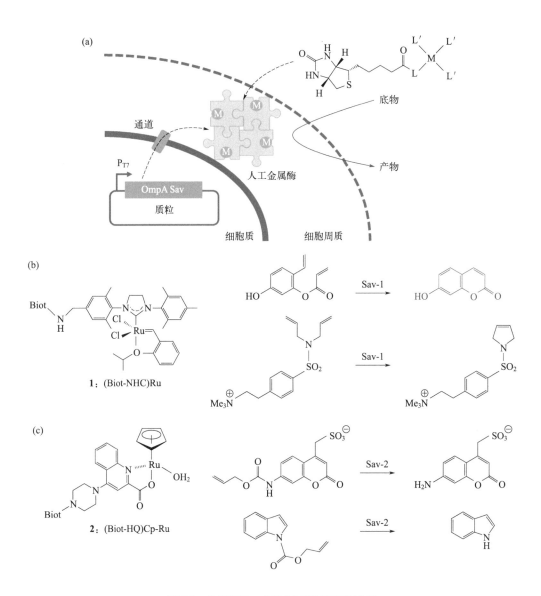

图 8.6　全细胞 Ru- 人工金属酶及其催化功能

（a）在大肠杆菌全细胞中基于生物素 - 链霉亲和素（Biot-Sav）构建 Ru- 人工金属酶示意图；（b）生物素偶联 Ru- 催化剂 (Biot-NHC)Cp-Ru 化学结构及其人工金属酶催化分子内闭环复分解反应；（c）生物素偶联 Ru- 催化剂 (Biot-HQ)Cp-Ru 化学结构及其人工金属酶催化脱烯丙基化反应

全细胞表达体系及其生物正交催化功能，有望用于生物医学研究领域，如发展前药疗法等。然而，需要解决的一个重要科学问题是关于人工金属酶的靶向问题。为此，研究者开发了不同的研究策略，例如利用糖基化修饰法和抗体-酶偶联法等。Tanaka 等[14]基于 Ru-配合物-白蛋白体系，通过 N-聚糖修饰，选用对某些癌细胞系（包括 SW620、HeLa 和 A549 细胞等）具有亲和力的 α(2,3)-唾液酸聚糖作为靶向分子，构建复合人工酶催化体系[图 8.7（a）]。该复合人工酶能够催化伞形花醚（umbelliprelin）原药的活化，从而靶向上述细胞，表现出细胞毒性。夏炜和毛宗万等[15]合成了一种具有催化活性的 Ru-配合物，通过结合马来酰亚胺的方法，将其共价连接于抗 HER2 亲和体（affibody），称为 Ru-HER2[图 8.7（b）]。该人工金属酶复合体系可与肿瘤细胞上的 HER2 受体结合，并在原位催化吉西他滨（gemcitabine）原药的活化，从而增强了抑制肿瘤生长的选择性，能有效杀死癌细胞。

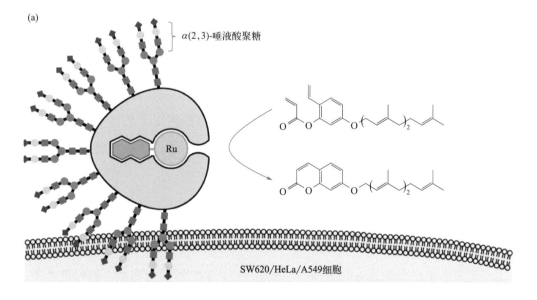

图 8.7

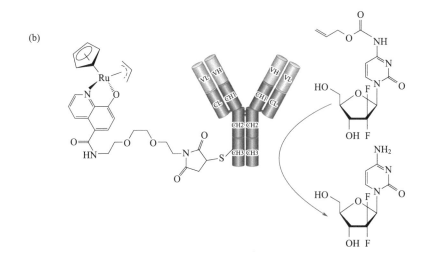

图 8.7　Ru- 人工金属酶在生物医药中的应用案例

（a）N- 聚糖修饰 Ru- 配合物 - 白蛋白复合体系催化伞形花醚原药活化示意图[14]；（b）Ru- 配合物 - 抗 HER2 亲和体复合体系催化吉西他滨原药的活化示意图[15]

8.3　含金属铑（Rh）的人工金属酶

铑（Rh）具有多种氧化态，其中 Rh(Ⅲ) 最为常见，其含氮配体的配合物与 Co(Ⅲ) 的配合物相似；Rh(Ⅰ) 存在于配体为 π- 接受体的配合物中，如环戊二烯等配合物，配位数多为 4 或 5，具有一定的催化功能。设计含铑人工金属酶的基本思路和设计含钌人工金属酶一样，通常也是利用非共价键相互作用或形成共价键的方法，将 Rh- 催化剂组装到合适的蛋白质骨架中，利用蛋白的微环境调控 Rh- 催化剂的催化性能。

8.3.1　非共价组装及其在有机合成中的应用

在第 1 章已介绍，Wilson 等[16]在 1978 年首次利用生物素 - 亲和素体系，将一种含 Rh(Ⅰ) 的二膦配合物与生物素偶联，进而与亲和素组装成人工金属酶，可以催化不对称氢化反应［见式（8.1）］，但是其立体选择性和催化效率仍有待进一步提高。

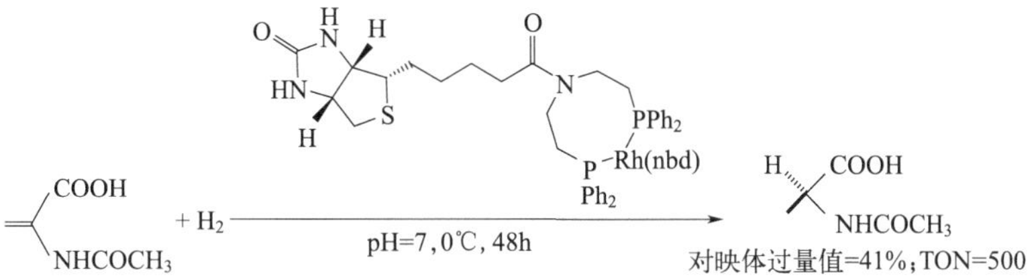
COOH
NHCOCH3
+ H2
pH=7, 0℃, 48h
PPh2
Rh(nbd)
Ph2
H
COOH
NHCOCH3
对映体过量值=41%；TON=500

(8.1)

式中，nbd 为降冰片二烯。

Hyster 等[17]利用生物素 - 链霉亲和素（Biot-Sav）体系，将一种 Rh (Ⅲ) - 配合物［图 8.8（a）］与生物素偶联，进而与链霉亲和素进行组装。所构建的 Rh- 人工金属酶可以催化苯甲酰胺衍生物与烯烃的偶联反应［图 8.8（b）］。通过优化金属中心微环境，如引入谷氨酸 Glu121 可以很大程度提高其催化活性（92 倍），后者可能作为碱参与了催化反应，证明了其重要性。该人工金属酶体系还可以进一步拓展，应用于催化丙烯胺羟肟酸酯和苯乙烯及其衍生物之间发生偶联反应等［图 8.8（c）］[18]。此外，类似的 Rh (Ⅲ) - 催化体系也可以用于合成异吲哚酮的对映异构体[19]。因此，该人工金属酶在有机合成领域具有一定的应用前景。

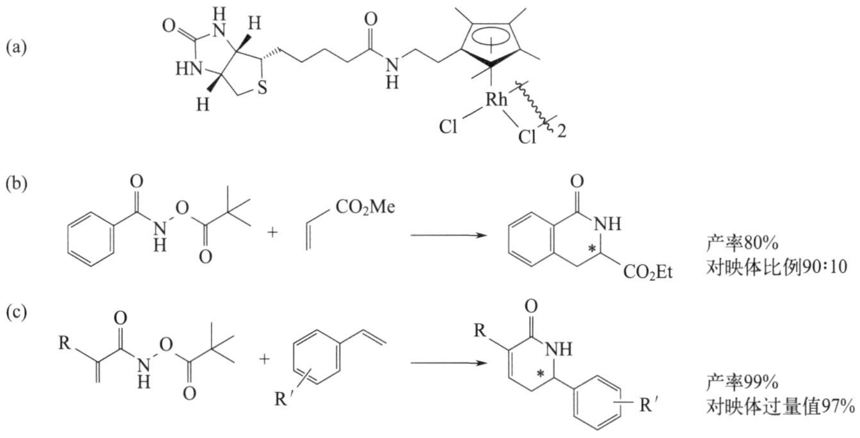
(a)
Rh
Cl
Cl
2
(b)
CO2Me
+
NH
CO2Et
产率80%
对映体比例90:10
(c)
R
+
R′
NH
R′
产率99%
对映体过量值97%

图 8.8　Rh- 人工金属酶及其生物催化功能

（a）一种生物素偶联的 Rh (Ⅲ) - 配合物二聚体化学结构；（b）人工金属酶 Rh (Ⅲ) - 配合物 -Biot-Sav 催化苯甲酰胺衍生物与烯烃发生偶联反应；（c）人工金属酶 Rh（Ⅲ）- 配合物 -Biot-Sav 催化丙烯胺羟肟酸酯和苯乙烯及其衍生物发生偶联反应

8.3.2 共价结合及其在有机合成中的应用

Hayashi 等[10]利用环戊二烯和 1,5-环辛二烯作为配体，合成了 Rh(I)-配合物，并通过马来酰亚胺与半胱氨酸加成的方法，将其共价连接到 β-桶状 NO 结合蛋白 NB（nitrobindin）突变体 Q96C[图 8.9（a）]上。该 Rh(I)-人工金属酶可以在室温条件下（pH=8.0），催化苯乙炔发生聚合反应[图 8.9（b）]，聚合物的分子量为 42600；顺反产物比例接近 1∶1，而单独 Rh(I)-配合物的催化产物主要为反式构型（表 8.1）。通过进一步优化疏水空腔微环境，如通过增加四个氨基酸突变 M75L/H76L/M148L/H158L（突变体称为 NB4），可以提高其顺反比为 82/18。

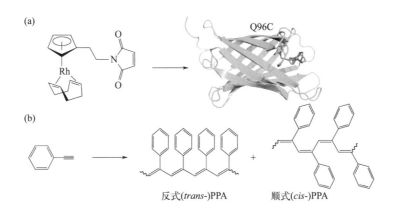

图 8.9 基于 Rh(I)-配合物的人工金属酶及其催化功能

（a）一种 Rh(I)-配合物的化学结构及其与 NO 结合蛋白 NB 突变体 Q96C 共价结合形成人工金属酶示意图；(b) 人工金属酶催化苯乙炔聚合的反应式

表 8.1 Ru-催化体系反应条件及产物分子量和立体构型比较

催化剂	反应时间/h	分子量（M_n）	顺反比（cis/trans）
Ru(I)-配合物	24	22900	7/93
Ru(I)-NB(Q96C)	12	42600	54/46
Ru(I)-NB4	12	38900	82/18

Lewis 等[20]利用生物正交法，建立了一种高特异性共价结合金属配合物的方法。他们合成了一种双金属 Rh- 配合物并用环辛炔进行偶联［图 8.10（a）］，再在一种热稳定蛋白 tHisF 的空腔中引入非天然氨基酸叠氮苯丙氨酸（azido-Phe，pAzF），通过点击反应连接双金属 Rh- 配合物［图 8.10（b）］。该人工金属酶可以有效催化苯乙烯衍生物发生环丙烷化反应［图 8.10（c），TON =81］。同样，通过改变其疏水腔的大小以及引入 His/Phe 等基团，可以调控产物的立体选择性，最高对映体过量值可达 92%。

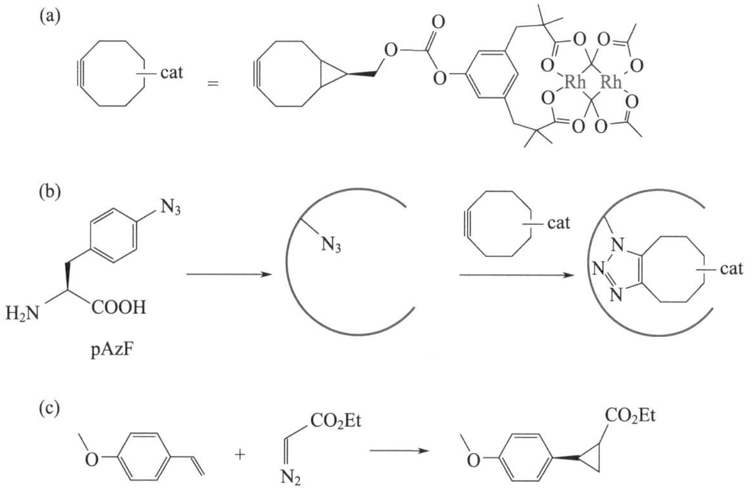

图 8.10 基于双金属 Rh- 配合物的人工金属酶及其催化功能

（a）一种环辛炔偶联的双金属 Rh- 配合物的化学结构；（b）利用引入叠氮苯丙氨酸与环辛炔进行点击反应偶联人工金属配合物示意图；（c）催化 4- 甲氧基 - 苯乙烯发生环丙烷化反应式

8.4 含金属锇（Os）的人工金属酶

76 号元素锇（Os）是ⅧB 族重铂系元素，其价电子构型为 $5d^66s^2$，性质与同族 Ru 非常相似，而与 Fe 相差加大。Os 也有 10 种不同的氧化态，其中主要为+4、+6 和+8 价态，如化合物 $[Os^{IV}(biPy)Cl_4]$、$[Os^{VI}O_2(OH)_4]^{2-}$ 和 $[Os^{VIII}O_4$

（OH）$_2$]$^{2-}$ 等。OsO$_4$ 是锇的一种重要化合物，在有机化学中，可以作为氧化剂，使烯烃等发生双键氧化反应［式（8.2）］，先生成含 Os 的环状酯，再进一步被还原为顺式二醇，因此可以作为羟基化反应的催化剂。

$$\begin{matrix} \diagdown \\ C \\ \parallel \\ C \\ \diagup \end{matrix} \xrightarrow{OsO_4} \begin{matrix} \diagdown \\ C-O \\ | \\ C-O \\ \diagup \end{matrix} \begin{matrix} O \\ \diagdown \diagup \\ Os \\ \diagup \diagdown \\ O \end{matrix} \xrightarrow{Na_2SO_3} \begin{matrix} \diagdown \\ C-OH \\ | \\ C-OH \\ \diagup \end{matrix} \quad (8.2)$$

早在 1983 年，Kokubo 等[21]就提出了构建含金属 Os 的人工金属酶的方法，他们使用牛血清白蛋白（bovine serum albumin，BSA）作为蛋白质骨架，发现后者结合 OsO$_4$ 后，能够催化烯烃底物发生不对称双羟基化反应，主要生成 S 构型产物。2011 年，Ward 等[22]对基于 OsO$_4$ 的人工金属酶进行了重新设计。他们使用 α-甲基苯乙烯作为模型底物［式（8.3）］，评估了基于不同蛋白质骨架的催化效果（表 8.2）。研究发现，不同于 BSA，链霉亲和素（streptavidin）在结合 OsO$_4$ 后，催化产物主要为 R 构型，对映体过量值高达 95%，转换数（TON）为 27，高于 BSA-OsO$_4$（TON = 4）。而对于其他蛋白质骨架，如人源碳酸酐酶 II（human carbonic anhydrase II，hCA II）、溶菌酶和亲和素等，只能获得较低的立体选择性和催化转换数。

$$\text{（结构式）} \xrightarrow{\text{反应条件}} \text{（结构式）} \quad (8.3)$$

表 8.2　结合 OsO$_4$ 的人工金属酶催化 α-甲基苯乙烯发生不对称双羟基化反应结果比较

反应体系	蛋白质骨架	对映体过量值 /%	TON
1	牛血清白蛋白	77（S）	4
2	人源碳酸酐酶 II	5（S）	6
3	溶菌酶（lysozyme）	25（S）	<1
4	亲和素（avidin）	2（R）	16
5	链霉亲和素	95（R）	27

注：反应条件为 2.5% 蛋白（以摩尔分数计，下同）、2.5% K$_2$[Os^{VI}O$_2$(OH)$_4$]、90mmol·L^{-1} K$_2$CO$_3$、90mmol·L^{-1} K$_3$[Fe(CN)$_6$]、水溶液、室温、24h。

由以上研究可知，选择合适的蛋白质骨架是构建含锇人工金属酶的关键。为了构建更高效的含锇过氧化酶（peroxygenase），2017 年，Fujieda 等[23]选择具有热稳定性的 β- 桶状蛋白家族蛋白 TM1495 作为蛋白质骨架，将其脱辅基蛋白与锇化合物 $K_2[Os^{VI}O_2(OH)_4]$ 进行重组［图 8.11（a）］，构建人工金属酶 OsO_2-TM1495。晶体结构显示，蛋白中的四个组氨酸与锇离子进行配位，其中两个水分子也参与金属离子的配位［图 8.11（b）］。锇离子的结合可以进一步提高蛋白的稳定性（变性温度 T_m 约为 120℃），而且赋予蛋白催化活性。研究显示，在 H_2O_2 作为氧化剂、70℃反应条件下，该人工金属酶可以催化一系列烯烃发生顺式 - 双羟基化反应，而且对于顺式烯烃底物的产率要明显高于反式烯烃底物的产率［图 8.11（c）］，可能的催化反应分子机理如图 8.12 所示。

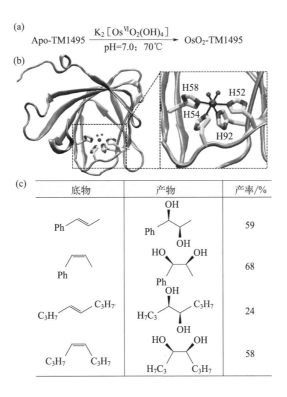

图 8.11　人工金属酶 OsO_2-TM1495 及其催化功能

（a）脱辅基蛋白 Apo-TM1495 与锇化合物反应示意图；（b）人工金属酶 OsO_2-TM1495 的晶体结构（PDB 编码 5WSF）；（c）催化不同烯烃底物发生顺式 - 双羟基化反应的产物和产率比较

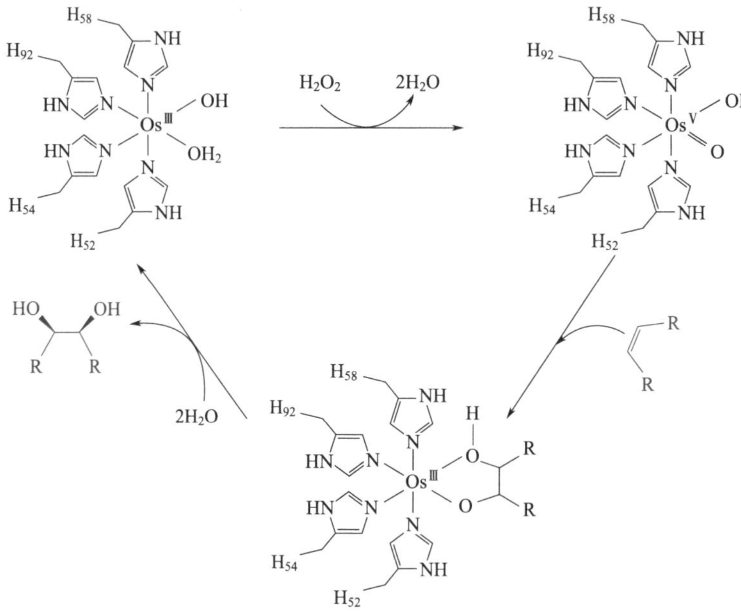

图 8.12　人工金属酶 OsO$_2$-TM1495 催化烯烃底物发生顺式-双羟基化反应可能的分子机理

8.5　含金属铱（Ir）的人工金属酶

金属铱（Ir）主要氧化态为（Ⅰ）和（Ⅲ），其中 Ir（Ⅲ）易形成配合物，配位数多为 5 或 6，在催化反应中具有重要的应用。Ir（Ⅲ）-配合物还具有一定的光敏活性，在光动力治疗等领域具有潜在的应用前景。在第 4 章第 4.7 节中已介绍，Ir（Ⅲ）-联吡啶配合物可以用于构建具有光催化活性的人工金属酶（图 4.15）。

目前，很多人工金属酶的设计都使用了 Ir 及其配合物（包括 Ir-卟啉）。例如，Hartwig 等[24]构建了含有甲基 Ir-卟啉配合物（IrMe-PⅨ）的肌红蛋白 Mb[图 8.13（a）]，并运用定向进化方法优化 Ir-卟啉周围的氨基酸微环境，构建了一系列基于 Mb 突变体的人工金属酶，可以选择性催化烯烃的不对称环丙烷化反应［图 8.13（b）中的反应（1）~（2）］。Fasan 等[25]通过体外重组方法也制备了人工金属酶 IrMe-PIX-Mb，并测试了基于卡宾转移催化 S—H 和 C—H

插入反应的性能。其中，催化 S-H 插入反应的效率优于 C—H 插入反应［图 8.11（b）中的反应（3）～（4）］。而且 IrMe-PIX-Mb 也可以催化分子内 C—H 插入反应［图 8.13（b）中的反应（5）］。

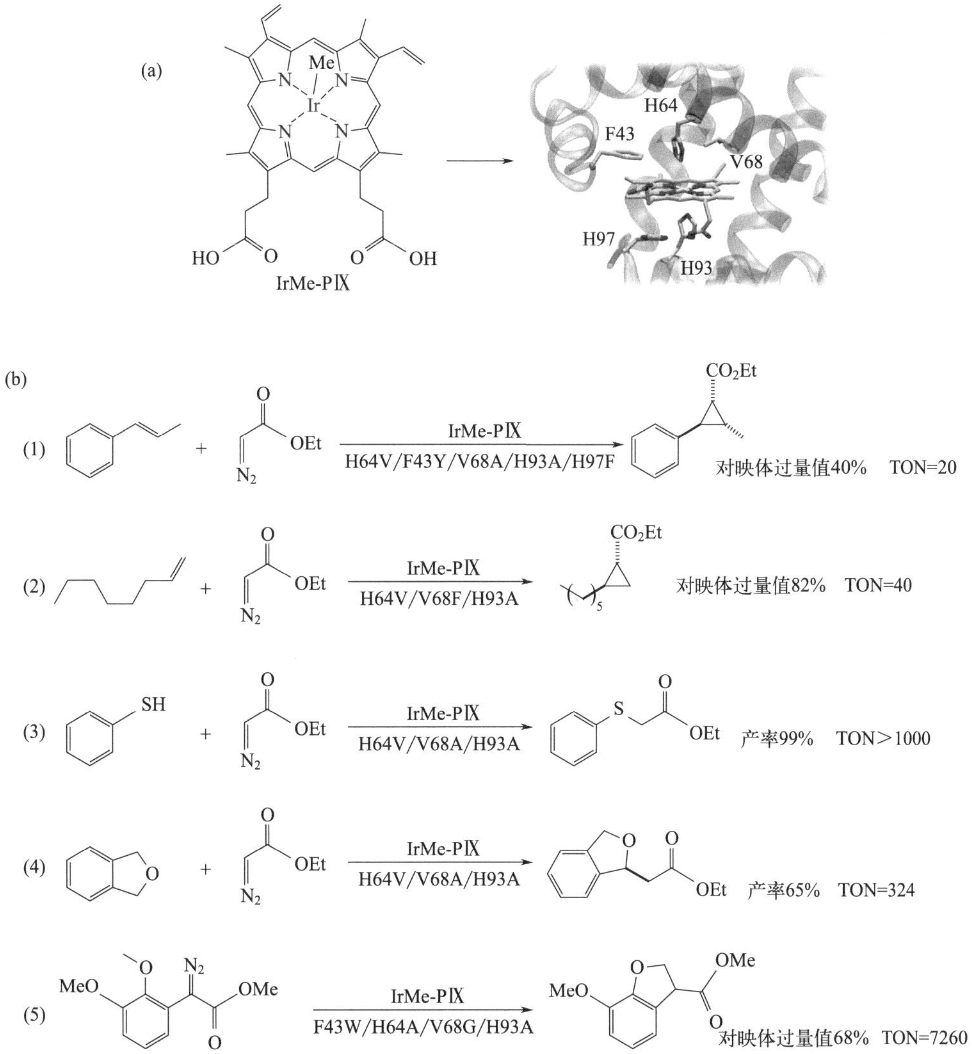

图 8.13　含铱卟啉的人工金属酶构建及其催化功能

（a）甲基铱卟啉（IrMe-PIX）与 Apo-Mb 重组以及血红素周围影响催化活性的关键氨基酸分布；（b）人工金属酶 IrMe-PIX-Mb 分别催化烯烃的环丙烷化反应（1）～（2），分子间 S—H 插入反应（3），分子间 C—H 插入反应（4）和分子内 C—H 插入反应（5）

和设计含 Ru/Rh 的人工金属酶的方法一样，也可以使用分子组装方法，将 Ir- 催化剂重组到合适的蛋白质骨架中。同样，生物素 - 链霉亲和素（Biot-Sav）体系是最常用的体系。例如，Ward 等[26]将一种生物素偶联的 Ir- 催化剂[图 8.14（a）]重组到不同的 Sav 突变体蛋白中，称为人工不对称转移氢化酶（asymmetric transfer hydrogenase，ATHs），可以催化环亚胺的不对称转移氢化（ATH）反应，分别获得 R 和 S 构型产物［图 8.14（b）］。

此外，人源碳酸酐酶 II（hCA II）具有 Zn(His)$_3$ 金属中心和较大的疏水空腔，也是设计人工金属酶的理想蛋白质骨架。Ward 等[27]设计了一种具有苯磺酰胺基团的 Ir- 催化剂［图 8.14（c）］，通过与 Zn(II) 配位以及疏水作用等与 hCA II 形成人工金属酶。通过 Rosetta 计算机辅助设计，构建不同的突变体蛋白，用于提高 Ir- 催化剂的结合力以及调控反应产物的立体选择性，其中基于八突变体蛋白的人工金属酶[图 8.14（d）]催化产物的对映体过量值高达 96%（S 构型，TON=59）[28]。

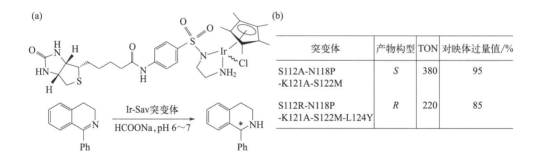

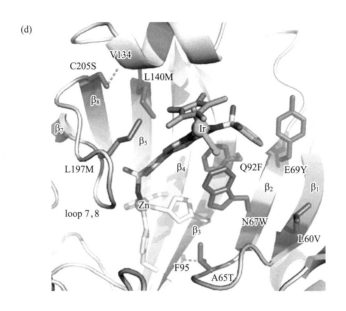

图 8.14 含 Ir- 配合物的人工金属酶构建及其催化功能

(a) 一种生物素偶联的 Ir- 配合物及其与 Sav 突变体重组催化环亚胺的 ATH 反应；(b) 两种不同突变体催化产物构型及产率比较；(c) 一种苯磺酰胺基团修饰的 Ir- 配合物及其与 hCAⅡ 突变体重组催化环亚胺的 ATH 反应；(d) hCAⅡ 突变体 L60V/A65T/N67W/E69Y/Q92F/L140M/L197M/C205S 与 Ir- 配合物形成人工金属酶的结构模拟图

8.6 小结

本章主要介绍了一些含 4d/5d 过渡金属元素的人工金属酶的设计及其应用。其中，Mo 是生物体中唯一含有的 4d 过渡金属元素，尽管天然钼酶具有多种催化功能，但由于其结构复杂，研究进展较慢，特别是含钼人工金属酶仍需进一步深入研究。相比之下，铂系元素虽然不存在相关的天然金属酶，但它们形成的配合物具有出色的催化性能，促进了含有这些金属元素的人工金属酶的设计和应用。从上述研究案例可以总结出，这些人工金属酶的设计与构建的关键在于：首先合成具有催化功能的金属配合物，然后使用非共价或形成共价键的方法，将其重组于合适的蛋白质骨架中，最后使用定向进化或计算机辅助等方法，优化金属中心周围微环境，从而进一步提高催化效率或立体选择性等。

此外，含有其他一些4d/5d重金属元素［如钯（Pd）和金（Au）等］以及镧系元素（如Ce^{3+}等）的人工金属酶，也可以使用类似的方法进行设计与构建。例如，基于生物素-链霉亲和素体系，可以构建含Pd和Au的人工金属酶，分别催化Suzuki偶联反应和氢氨化/芳构化反应等[13, 29-30]。最近，Zeymer等[31]基于从头设计的蛋白质骨架，构建了具有Ce^{3+}结合位点的人工金属酶，在可见光激光和有氧条件下，可以有效催化1, 2-二元醇和木质素模型化合物等发生C—C键断裂。因此，更多含有4d/5d过渡金属元素的人工金属酶有望被设计和构建，在不对称有机合成、生物催化、生物传感和生物医学等领域发挥越来越重要的作用。

参考文献

[1] Moura J J G. The history of desulfovibrio gigas aldehyde oxidoreductase—A personal view [J]. Molecules，2023，28（10）：4229.

[2] Maia L B, Moura J J G. Nitrite reduction by molybdoenzymes：A new class of nitric oxide-forming nitrite reductases [J]. J Biol Inorg Chem，2015，20（2）：403-433.

[3] Maiti B K, Maia L B, Moura J J G, et al. Incorporation of molybdenum in rubredoxin：Models for mononuclear molybdenum enzymes [J]. J Biol Inorg Chem，2015，20（5）：821-829.

[4] Dauter Z, Wilson K S, Sieker L C, et al. Zinc- and iron-rubredoxins from clostridium pasteurianum at atomic resolution：A high-precision model of a ZnS_4 coordination unit in a protein [J]. Proc Natl Acad Sci USA，1996，93（17）：8836-8840.

[5] Lang J J, Mi P, Wang X J, et al. Lewis acid-assisted molybdenum（Ⅵ）complexes with S, N-bidentate ligands to reduce nitrate [J]. Eur J Inorg Chem，2023，26（9）：

e202200727.

[6] Matsuo T. Functionalization of ruthenium olefin-metathesis catalysts for interdisciplinary studies in chemistry and biology [J]. Catalysts, 2021, 11 (3): 359.

[7] Lo C, Ringenberg M R, Ward T R, et al. Artificial metalloenzymes for olefin metathesis based on the biotin-(strept) avidin technology [J]. Chem Commun, 2011, 47 (44): 12065-12067.

[8] Mayer C, Gillingham D G, Hilvert D, et al. An artificial metalloenzyme for olefin metathesis [J]. Chem Commun (Camb), 2011, 47 (44): 12068-12070.

[9] Matsuo T, Imai C, Hirota S, et al. Creation of an artificial metalloprotein with a Hoveyda-Grubbs catalyst moiety through the intrinsic inhibition mechanism of α-chymotrypsin [J]. Chem Commun, 2012, 48 (11): 1662-1664.

[10] Sauer D F, Himiyama T, Okuda J, et al. A highly active biohybrid catalyst for olefin metathesis in water: Impact of a hydrophobic cavity in a β-barrel protein [J]. ACS Catal, 2015, 5 (12): 7519-7522.

[11] Vong K, Eda S, Tanaka K, et al. An artificial metalloenzyme biosensor can detect ethylene gas in fruits and *Arabidopsis* leaves [J]. Nature Commun, 2019, 10 (1): 5746.

[12] Jeschek M, Reuter R, Ward T R, et al. Directed evolution of artificial metalloenzymes for *in vivo* metathesis [J]. Nature, 2016, 537 (7622): 661-665.

[13] Vornholt T, Christoffel F, Pellizzoni M M, et al. Systematic engineering of artificial metalloenzymes for new-to-nature reactions [J]. Science Adv, 7 (4): eabe4208.

[14] Eda S, Nasibullin I, Tanaka K, et al. Biocompatibility and therapeutic potential of glycosylated albumin artificial metalloenzymes [J]. Nature Catalysis, 2019, 2 (9): 780-792.

[15] Zhao Z, Xia W, Mao Z W, et al. *In situ* prodrug activation by an affibody‐ruthenium catalyst hybrid for HER2‐targeted chemotherapy [J]. Angew Chem Int Ed, 2022, 61 (26).

[16] Wilson M E, Whitesides G M. Conversion of a protein to a homogeneous asymmetric hydrogenation catalyst by site-specific modification with a diphosphinerhodium (Ⅰ) moiety [J]. J Am Chem Soc, 1978, 100 (1): 306-307.

[17] Hyster T K, Knorr L, Ward T R, et al. Biotinylated Rh (Ⅲ) complexes in engineered streptavidin for accelerated asymmetric C–H activation [J]. Science, 2012, 338 (6106): 500-503.

[18] Hassan I S, Ta A N, Danneman M W, et al. Asymmetric δ-lactam synthesis with a monomeric streptavidin artificial metalloenzyme [J]. J Am Chem Soc, 2019, 141 (12): 4815-4819.

[19] Mukherjee P, Sairaman A, Deka H J, et al. Enantiodivergent synthesis of

isoindolones catalysed by a Rh (III) -based artificial metalloenzyme [J]. Nature Synthesis, 2024, 3: 835-845.

[20] Srivastava P, Yang H, Lewis J C, et al. Engineering a dirhodium artificial metalloenzyme for selective olefin cyclopropanation [J]. Nature communications, 2015, 6: 7789.

[21] Kokubo T, Sugimoto T, Uchida T, et al. The bovine serum albumin–2-phenylpropane-1, 2-diolatodioxo-somium (VI) complex as an enantioselective catalyst for *cis*-hydroxylation of alkenes [J]. J Chem Soc Chem Commun, 1983 (14): 769-770.

[22] Kohler V, Mao J, Ward T R, et al. OsO_4 · Streptavidin: A tunable hybrid catalyst for the enantioselective *cis*-dihydroxylation of olefins [J]. Angew Chem Int Ed Engl, 2011, 50 (46): 10863-10866.

[23] Fujieda N, Nakano T, Taniguchi Y, et al. A well-defined osmium–cupin complex: Hyperstable artificial osmium peroxygenase [J]. J Am Chem Soc, 2017, 139 (14): 5149-5155.

[24] Key H M, Dydio P, Hartwig J F, et al. Abiological catalysis by artificial haem proteins containing noble metals in place of iron [J]. Nature, 2016, 534 (7608): 534-537.

[25] Sreenilayam G, Moore E J, Fasan R, et al. Metal substitution modulates the reactivity and extends the reaction scope of myoglobin carbene transfer catalysts [J]. Adv Synth Catal, 2017, 359 (12): 2076-2089.

[26] Hestericová M, Heinisch T, Ward T R, et al. Directed evolution of an artificial imine reductase [J]. Angew Chem Int Ed Engl, 2018, 57 (7): 1863-1868.

[27] Monnard F W, Nogueira E S, Heinisch T, et al. Human carbonic anhydrase II as host protein for the creation of artificial metalloenzymes: The asymmetric transfer hydrogenation of imines [J]. Chem Sci, 2013, 4 (8): 3269-3274.

[28] Heinisch T, Pellizzoni M, Durrenberger M, et al. Improving the catalytic performance of an artificial metalloenzyme by computational design [J]. J Am Chem Soc, 2015, 137 (32): 10414-10419.

[29] Chatterjee A, Mallin H, Klehr J, et al. An enantioselective artificial Suzukiase based on the biotin-streptavidin technology [J]. Chem Sci, 2016, 7 (1): 673-677.

[30] Tiessler-Sala L, Maréchal J-D, Lledós A. Rationalization of a streptavidin based enantioselective artificial Suzukiase: An integrative computational approach [J]. Chemistry, 2024: e202401165.

[31] Klein A S, Leiss-Maier F, Mühlhofer R, et al. A *de novo* metalloenzyme for cerium photoredox catalysis [J]. J Am Chem Soc, 2024, 146 (38): 25976-25985.

第 9 章
人工金属酶分子设计总结与展望

本章目录

9.1 人工金属酶分子设计总结

9.2 人工金属酶分子设计展望

参考文献

9.1 人工金属酶分子设计总结

人工金属酶分子设计经历了半个多世纪的发展，逐渐在有机合成、生物催化、生物医药和环境生物治理等研究领域得到应用。本书详细介绍了人工金属酶的发展历程和主要分子设计方法，系统总结了近十年人工金属酶分子设计与应用领域取得的研究进展。书中各章节分别探讨了含 3d 过渡金属元素（Fe、Co、Ni、Cu、Zn 和 Mn）和 4d/5d 过渡金属元素（Mo、Ru、Rh、Os 和 Ir）等人工金属酶的分子设计及其在不同领域中的应用。

目前，在已知金属蛋白和金属酶中，含量较高的金属离子主要为主族金属元素（Mg^{2+} 和 Ca^{2+}）和 3d 过渡金属元素（Zn^{2+}、Fe^{2+}、Mn^{2+}、Co^{2+} 和 Cu^{2+}）等（图 1.2）。由于含 Mg^{2+}/Ca^{2+} 人工金属酶的分子设计研究相对较少（图 1.17），因此本书重点介绍了含 3d 过渡金属元素的人工金属酶的分子设计与应用。每一章中首先介绍了一些代表性天然酶的结构和功能，以及一些模型化合物等知识，然后基于国内外人工金属酶的典型研究案例（包括编者课题组的相关研究），讨论了具有不同催化中心和催化功能的人工金属酶的分子设计及其应用等。

除了 Mo/W 以外的 4d/5d 过渡金属元素并非生物金属元素，因此在设计人工金属酶时无法参考天然金属蛋白或金属酶的结构和功能。然而，可以借鉴和采用程序化的方法进行设计（见图 9.1）。概括起来，主要包括：设计具有催化活性的金属配合物，选择或设计适当的蛋白质骨架，利用计算机辅助设计，进行人工金属辅基的组装并优化活性中心，还可以引入非天然氨基酸等功能基团，以及进一步调控底物结合和催化等，进而获得功能优越的人工金属酶。含有非生物金属元素的人工金属酶可以弥补天然酶对金属离子利用的不足，从而扩展生物催化范围和应用领域。

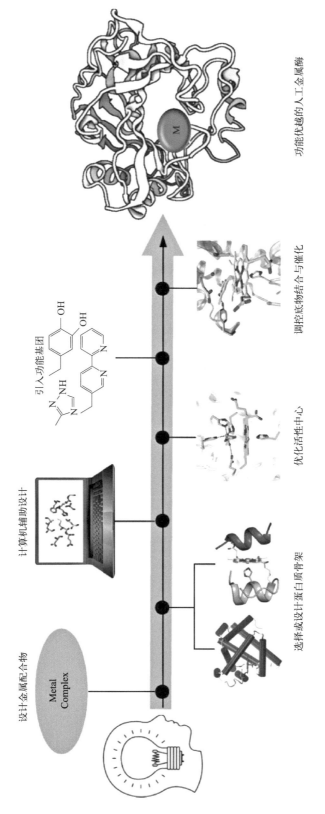

图 9.1 人工金属酶程序化分子设计示意图

9.2 人工金属酶分子设计展望

近十年，人工金属酶分子设计与应用取得了迅速的进展。随着多学科交叉融合，尤其是计算机与人工智能（artificial intelligence，AI），化学与材料，以及生物科学与技术等学科的快速发展，人工金属酶分子设计与应用呈现新的发展趋势，包括计算机辅助蛋白质设计、构建多酶级联催化体系以及酶的固定化与全细胞催化等。

计算机与人工智能的融合促进了生物信息学和结构生物学的发展，也为蛋白质和生物酶的理性设计提供了新的途径和强大的工具。目前，很多软件已经被开发用于蛋白质分子设计的各个方面，包括用于寻找底物或金属结合位点（如 CASTp 3.0[1]、CAVER 3.0[2] 和 MIB2[3]）、评估性能（如 HotSpot Wizard 3.0[4] 和 Funclib[5]）以及预测蛋白质结构和相互作用等（如 trRosetta[6]、HDOCK[7] 和 Alphafold3[8] 等）。这些软件也被广泛用于人工金属酶的分子设计，可以用来选择合适的蛋白质骨架、优化催化中心微环境、提高酶的稳定性以及增强与底物或蛋白之间的相互作用等。此外，计算机辅助设计与人工智能也可以用于从头设计全新的蛋白质（*de novo* protein design），赋予其多种生物功能，如生物催化和生物传感等，以及赋予天然蛋白质未曾具备的新功能，如可以感知和整合不同信号的蛋白质逻辑门[9]。

相对于单一酶催化体系，多酶级联催化体系具有不可比拟的优越性，可以避免复杂的中间产物分离等操作，从而减少中间产物的消耗，提高终产物的收率。目前，常用的级联催化体系主要包括化学催化与生物催化级联、生物催化与化学催化级联以及生物多酶催化级联等，可用于天然产物的全合成或药物合成等[10-11]。尽管天然生物酶被广泛用于这些级联催化体系中，但人工金属酶也在逐渐发挥重要的作用，可以替换某些天然酶与化学催化级联或与其他天然生物酶级联，用于合成目标产物[12]。

为了提高酶的稳定性（尤其是在非自然环境中），以及便于回收和重复利用，构建固定化酶体系备受关注。目前，研究人员已经开发了吸附法、包埋法、交联法和共价结合法等固载方法，将单个酶（包括人工金属酶如 Ir- 人工金属酶[13]）和多个酶固载于无机材料（如磁性纳米材料）、有机高分子材料（如壳聚糖和聚乙二醇）、无机 - 有机复合材料（如有机金属框架材料）以及生物材料（如脂质稳定的微滴和水凝胶微球）等[14-16]。此外，与游离酶相比，采用全细胞催化可以避免由于酶的纯化可能造成的损失；而且与游离细胞相比，固定化细胞具有良好的热稳定性和溶剂耐受性等优点。目前，人工金属酶或多酶体系的全细胞已成功用于不同催化领域，如不对称合成和有机物的生物转化等[17-18]。

展望未来，通过多学科研究人员的共同努力和合作（包括计算机科学、化学与材料科学、蛋白质与结构生物学等领域），更多新型人工金属酶将被设计与构建，并被赋予优于天然生物酶的催化特性，如高稳定性、宽底物范围以及能够催化新化学反应等。这些新型人工金属酶将会在生物催化、生物医药、有机合成以及环境催化等研究领域发挥越来越重要的作用。

参考文献

[1] Tian W, Chen C, Lei X, et al. CASTp 3.0: Computed atlas of surface topography of proteins [J]. Nucleic Acids Res, 2018, 46 (W1): W363-W367.

[2] Chovancova E, Pavelka A, Benes P, et al. CAVER 3.0: A tool for the analysis of transport pathways in dynamic protein structures [J]. PLoS Comput Biol, 2012, 8 (10): e1002708.

[3] Lin Y F, Cheng C W, Shih C S, et al. MIB: Metal ion-binding site prediction and docking server [J]. J Chem Inf Model, 2016, 56 (12): 2287-2291.

[4] Sumbalova L, Stourac J, Martinek T, et al. HotSpot Wizard 3.0: Web server for automated design of mutations and smart libraries based on sequence input information [J]. Nucleic Acids Res, 2018, 46 (W1): W356-W362.

[5] Khersonsky O, Lipsh R, Avizemer Z, et al. Automated design of efficient and functionally diverse enzyme repertoires [J]. Mol Cell, 2018, 72 (1): 178-186.

[6] Du Z, Su H, Wang W, et al. The trRosetta server for fast and accurate protein structure prediction [J]. Nat Protoc, 2021, 16 (12): 5634-5651.

[7] Yan Y, Tao H, He J, et al. The HDOCK server for integrated protein-protein docking

[J]. Nat Protoc, 2020, 15 (5): 1829-1852.

[8] Abramson J, Adler J, Dunger J, et al. Accurate structure prediction of biomolecular interactions with AlphaFold 3 [J]. Nature, 2024, 630: 493-500.

[9] Kortemme T. De novo protein design—From new structures to programmable functions [J]. Cell, 2024, 187 (3): 526-544.

[10] Yi J, Li Z. Artificial multi-enzyme cascades for natural product synthesis [J]. Curr Opin Biotechnol, 2022, 78: 102831.

[11] Benítez-Mateos A I, Padrosa R D, Paradisi F. Multistep enzyme cascades as a route towards green and sustainable pharmaceutical syntheses [J]. Nat Chem, 2022, 14 (5): 489-499.

[12] Tang S, Sun L J, Pan A Q, et al. Application of engineered myoglobins for biosynthesis of clofazimine by integration with chemical synthesis [J]. Org Biomol Chem, 2023, 21 (48): 9603-9609.

[13] Miller A H, Thompson S A, Blagova E V, et al. Redox-reversible siderophore-based catalyst anchoring within cross-linked artificial metalloenzyme aggregates enables enantioselectivity switching [J]. Chem Commun (Camb), 2024, 60 (42): 5490-5493.

[14] Papatola F, Slimani S, Peddis D, et al. Biocatalyst immobilization on magnetic nano-architectures for potential applications in condensation reactions [J]. Microbial Biotechnology, 2024, 17 (6): e14481.

[15] Aggarwal S, Ikram S. A comprehensive review on bio-mimicked multimolecular frameworks and supramolecules as scaffolds for enzyme immobilization [J]. Biotechnol Bioeng, 2023, 120 (2): 352-398.

[16] Vázquez-González M, Wang C, Willner I. Biocatalytic cascades operating on macromolecular scaffolds and in confined environments [J]. Nature Catalysis, 2020, 3 (3): 256-273.

[17] Schwizer F, Okamoto Y, Heinisch T, et al. Artificial metalloenzymes: Reaction scope and optimization strategies [J]. Chem Rev, 2018, 118: 142-231.

[18] Qiao Y, Ma W, Zhang S, et al. Artificial multi-enzyme cascades and whole-cell transformation for bioconversion of C_1 compounds: Advances, challenge and perspectives [J]. Synthetic and Systems Biotechnology, 2023, 8 (4): 578-583.